交流のしくみ

三相交流からパワーエレクトロニクスまで

森本雅之　著

ブルーバックス

装幀／芦澤泰偉・児崎雅淑
カバーイラスト／トヨクラタケル
もくじ／中山康子
図版／五日市哲雄

はじめに　～直流と交流～

この本は交流について述べている。私たちが日々使っている電気の大半は交流である。家の中で壁のコンセントにプラグを挿して使っているのは、交流の電流である。家の中のそこかしこにコンセントが設置されているが、自分の住まいにコンセントが何箇所あるのか、把握している人はほとんどいないと思う。家の中ではどこでも電気が使えるようになっている。私たちは照明や家電品などの様々な電気製品をコンセントに接続して無意識に交流電流を使っている。その交流電流は発電所で発電され、高圧線や配電線を経由して家庭のコンセントまで届けられている。その間を流れている電流は、すべて交流電流である。

一方、乾電池や充電式の電池で使っているのは直流電流である。携帯機器などのように、電池が使えるようなものは直流電流を使っている。しかし、電池に充電するための充電器はコンセントに接続される。充電器は交流電流を直流電流に変換し、電池を充電するための直流電流を調節している。パソコンなどを AC アダプターで使う時も、AC

アダプターはコンセントに接続される。ACアダプターはコンセントの交流電流を直流電流に変換し、さらにパソコンなどの内部の電池と同じ電圧に変換する働きをしている。つまり直流電流を使う機器でも、その大元では交流電流を使っている。我々の日常生活は「交流電流で成り立っている」と言えるのである。

電気は大きく分けると「直流」と「交流」に分類される。では、直流と交流はまったく別物か、と言うと、そうではない。直流も交流も電気は電気なのである。直流も交流も同じ電気の基本に従う。直流と交流に共通することはかなり多い。しかし、直流にも交流にも、それぞれに特有の現象があり、それぞれの特徴を生かして使い分けられている。この本を通して、どんな場合に交流電流が使われ、なぜ使い分けられるのかが理解できると思う。

ここで、直流と交流の基本的な違いについて説明する。

まず、直流電流について説明しよう。直流電流とは乾電池から流れる電流だと思ってもらいたい。図0.1(a) には乾電池、豆電球、スイッチが電線で接続されている様子が示してある。このような図は小中高の教科書でたびたび見かけたと思う。我慢してもう1回見てほしい。このように電気部品を接続したものを電気回路と言う。

いま、スイッチをオンするとしよう。すると、乾電池のプラスから電流が流れて、豆電球が光る。豆電球を出た電流は乾電池のマイナスまで流れて1周する。この時、電線を流れている電流の向きは、どの位置でも乾電池のプラス

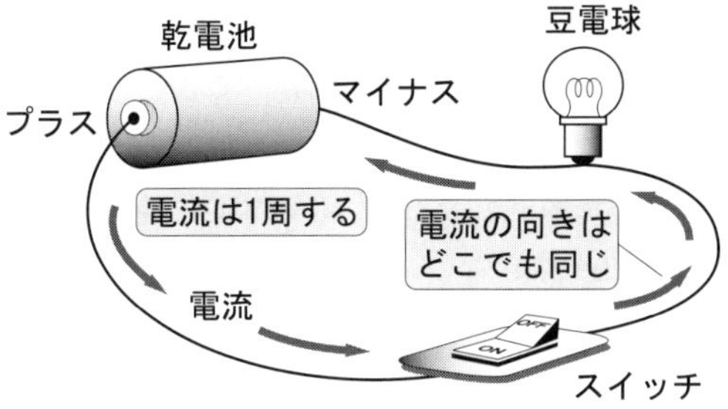

(a)直流のイメージ

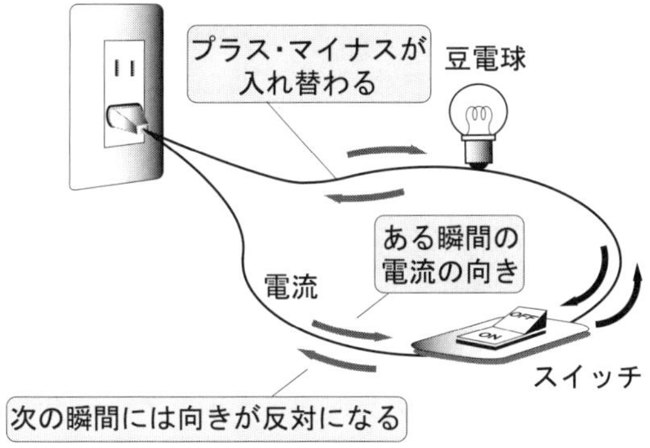

(b)交流のイメージ

図0.1　直流と交流の電流の流れ

からマイナスに向かっている。また、どの位置でも電流の大きさは等しい。次にスイッチをオフすると豆電球は消灯し、電流は流れない。スイッチをオンにして回路がつながらないと電流は流れない。この現象には次のような電気回路の基本が含まれている。

「電流は１周できる経路がないと流れない」

この基本は乾電池を使った直流の電気回路だけでなく、交流の電気回路でも基本となる。

次に交流電流を考えてみよう。図0.1（b）では乾電池に相当する部分にはプラグがあり、壁のコンセントに接続されている。この状態を交流電源に接続されていると言う。そのほかの豆電球、スイッチは先ほどの直流の電気回路と同じである。直流回路の時と同じように、スイッチをオンすると回路がつながるので交流電流が流れる。交流電流が流れても豆電球は点灯する。また、スイッチをオフすれば交流電流は流れなくなり、豆電球は消灯する。交流電流も電気回路がつながっていないと流れないのである。

この時流れている交流電流は、直流電流とは何が違うのだろうか？

交流電流は電流の向きが常に入れ替わっているのである。交流電源は乾電池と異なり、プラス・マイナスが決まっていない。交流電源の２つの端子は、ある瞬間にはプラスになり、次の瞬間にはマイナスになる。しかし電線を流れる電流がプラスからマイナスに流れるのは、直流電流の場合と同じである。そのため、交流電源の出力端子のプラス・マイナスの入れ替わりに応じて、電気回路全体の電流の向きが反転するのである。通常、交流電流は電流の向きの入れ替わりが１秒間に50回または60回である。電流の入れ替わりの回数を**周波数**と呼ぶ。簡単に言うと、交流電流とは電流の向きが常に入れ替わっている電流だと思ってほしい。

交流電流は常に向きが反転するため、直流電流と比べて何やら複雑なものに思えるかもしれない。しかし、スイッチを入り切りすれば豆電球を点滅させることができるのは、直流電流と同様である。また、ある瞬間を考えれば、電線を流れる電流の向きはいずれか一方に向いている。しかも、回路のどの部分でも電流の大きさは同じである。つまり、ある瞬間で考えれば直流電流とまったく同じ状態になっているのである。交流も直流も同じ電気であり、電気の基本法則は共通である。豆電球のように直流でも交流でも同じように点灯するものもある。しかし、直流でないと都合が悪いものもあり、また、交流を使わなくてはできないこともある。交流と直流は目的に応じて使い分けられている。

19世紀の終わりごろ、有名な交流直流論争があった。米国で新しく作る発電所の電気方式を交流にするか直流にするかの論争である。この時、直流を主張したエジソンは論争に破れ、新しい発電所は交流の発電所になった。この時交流が採用された大きな理由は、交流を使うと長距離を送電できることにあった。交流は変圧器（第８章で述べる）

により電圧を調節することができる。長距離を送電して電圧が低くなってしまっても、変圧器で電圧を再び高くすることができる。この論争では送電という目的にふさわしいということで交流が選ばれたのである。

この本は電気を利用する立場で、交流・直流の違いが理解できるように書いている。そのために、まず直流を念頭において電気の基本を述べてゆく。交流については、本書の後半でじっくり述べることにする。

第１章　電圧と電流　～電気の基本～

まず電気の基本である「電圧と電流」について説明することからはじめよう。

電圧と電流は、いずれも電気のことを指している。電圧も電流も似たような言葉であると思っているかもしれない。しかし、電圧と電流は一文字違いではあるが、大違いなのである。「電」という文字を「水」に代えて、水圧と水流で考えてみよう。川の流れを思い浮かべてほしい。水圧と水流はどう違うだろうか？

板を流れに直角に入れて、水をせき止めているとしよう。板には水の流れの力がかかり、板を押さえておくには力が必要である。これが「水圧」である。大きな板を入れると、水圧が大きくなることがわかると思う。

では、水流はどうだろうか。水が勢いよく流れている時は水流が多い、ちょろちょろ流れている時は水流が少ない、と言うと思う。この時、水圧はまったく関係なしに「水流が多い、少ない」と言っていると思う。みなさんは水圧と水流ならば意味するところの違いはイメージできるのではないかと思う。

実は電圧と電流も、このように違う意味を持っているのである。電圧は電気の圧力のようなもので、電流は電気の流れのようなものである。電圧も電流もいずれも**電気の状態を表す言葉**であるが、意味するところは大きく違うのである。

■1.1　電流とは

電流が流れるとはどのようなことかから説明しよう。それには、まず電流が流れる物質を考えることから始める。

物質は粒子の集合体であると考えられている。粒子のうちの基本的な粒子は、原子と呼ばれる粒子である。原子の姿は次のように考えられている。中心には原子核がある。原子核の周りには電子がある決まった軌道の上を回っている。また、原子核はプラスの電荷を持っている。電荷とは電気の基本量である。電荷の単位は［C］（クーロン）で表す。一方、電子はマイナスの電荷を持っている。電子1個の持つ電荷をｅと表すことにする。ｅは-1.6×10^{-19}[C]という小さな値である。これが最小の電荷であり、すべての電荷は2e、3e、4eというようにｅの整数倍の値にしかならない。そのためｅは電荷の単位としても使われる。

原子核の持つプラス電荷の量（大きさ）は物質により異なっている。原子核の周りを回る電子の数も物質によって異なる。原子核の持つ電荷は＋ｅの整数倍であるため、それに見合う数の電子が原子核の周りにある。それぞれの電子はあるきまった軌道の上を周回している。原子核の近くを周回している電子もあれば、原子核から遠い軌道を周回している電子もある。しかし、原子核の持つプラス電荷の大きさと、周回する電子の持つマイナス電荷の合計は打ち消しあっている。

金属の原子は固体の状態では結晶となっている。結晶とは原子が規則正しくびっしり並んでいる状態である。このような時、原子核から見て、最も外側の軌道を周回している電子（最外殻電子と言う）は原子核との距離が大きい。そのため、原子核のプラスとその電子のマイナスの間の吸引力が弱い。この最外殻電子に熱や光などのエネルギーを与えると原子核からの吸引力を離脱して、周回軌道を離れてしまう。その時、電子は結晶の内部を自由に移動するようになる。これを**自由電子**と言う。自由電子は結晶の中では自由に動き回っていると考えてよい。

電流を流す時に使う導線は、銅やアルミニウムなどの金属の結晶を使っている。つまり導線の内部には自由電子があり、自由電子が導線の内部を動き回っている。「はじめに」で示した乾電池の回路で考えてみよう。

豆電球の内部にあるフィラメント（光る部分）も金属でできており、内部には自由電子がある。スイッチがオンされていなくても、導線やフィラメント内部を自由電子が動き回っている。内部を動き回っていた自由電子はマイナスの電荷を持っているため、スイッチをオンして回路がつながった瞬間に電子は電池のプラス極に吸引され、プラス極に向かって移動し始める。また、電池のマイナス極からは導線に電子が供給される。供給された電子は導線に元々あった自由電子を押し出す。

このようにマイナス極から電子が送り出され、プラス極に押し出される**電子の移動が電流**なのである。導線を縒《よ》り合わせたり、豆電球をソケットに差し込んだりして接触させると、その間を互いの自由電子が行き来するようになる。このようにしっかり接続すると、その間に電流を流すことができるようになる。

電流の向きは電子の流れの向きと逆方向である。これは電子がマイナスの電荷を持つことが発見される前に、プラスの電荷の移動を電流と決めてしまったことに由来している。電流の大きさとは、「ある断面を1秒間に通過する電荷の量」と決めている。つまり**電流とは電子の数**なのである。電流は通常、記号 I で表し、単位は［A］（アンペア）である。

電流が流れている導体中では、どの断面でも通過する電荷の量は同じである。したがって、導体の断面積が変わっても電流の大きさは等しい。導線が太くても細くても、ある断面を通過する電荷の数は等しい。そのため、連続した回路ではどの部分に流れている電流もすべて等しい。

「連続している回路では電流の大きさは等しい」

■1.2　電圧

電流が流れるということは水流とよく似ていて、水が高いところから低いところに流れることと同じと考えてもいいだろう。ではその時に、電圧はどのように考えればいいのだろうか。図1.1(a) はポンプで水を汲み上げて水車を回している様子を示している。この時、ポンプで水を汲み上げることは、水の位置エネルギーを大きくすることである。ポンプは水に位置エネルギーを与えていることになり、水の持つ位置エネルギーは、上のタンク水位に相当する。水が流れて水車を回すと、水は下のタンクの水位に落ち着く。この時、水の持つ位置エネルギーは上のタンクの水位の位置エネルギーから下のタンクの水位の位置エネルギーまで低下する。タンクの水位差が水の持つエネルギーの差を表している。このエネルギーの差で水車を回している。

乾電池と豆電球の回路を、図1.1(b) のように書き直して、ポンプに相当するのが乾電池であると考えてみる。すると、水車に相当するのが豆電球である。ここで、水位と対応するように電位というものを考えてみよう。**電位**は電気的な位置エネルギーを示すことにする。すると、乾電池はポンプが水の水位を上げたように電位を上げる作用をしていることになる。電位を上げる働きを**起電力**と言う。起電力とは電流を供給する力であると考えてもよい。乾電池には起電力があると言う。電流は乾電池の電位の高いプラス極から流れ出す。そして、水流が水車を回すように、電流が豆電球を点灯させている。豆電球から出た電流は電位の低い乾電池のマイナス極に向かって流れている。

電位の差（電位差）は**電圧**とも呼ばれる。高さも高低差も同じ［m］（メートル）の単位を使うように、起電力、電位、電圧の単位はすべて［V］（ボルト）を使う。起電

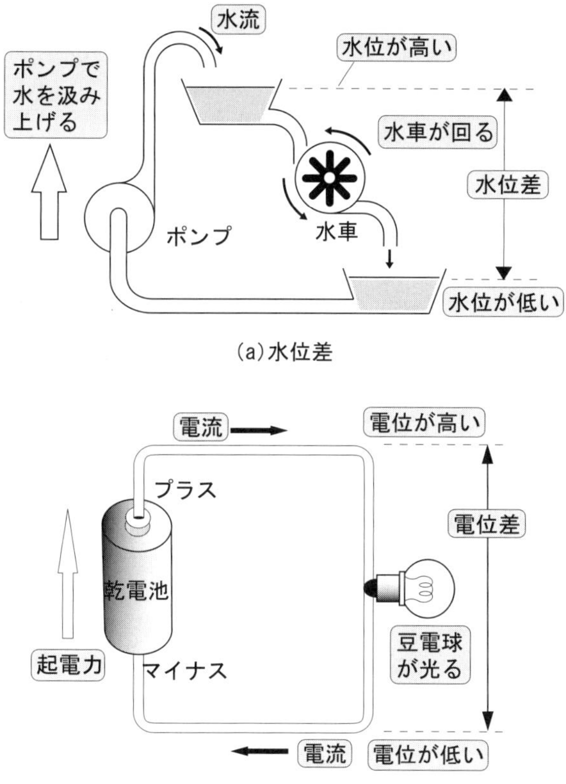

(a)水位差

(b)電位差

図1.1　水位差と電位差

力、電位差には大小関係があり、そのため矢印を使って、電位の高いほうを矢印の先端として表す。

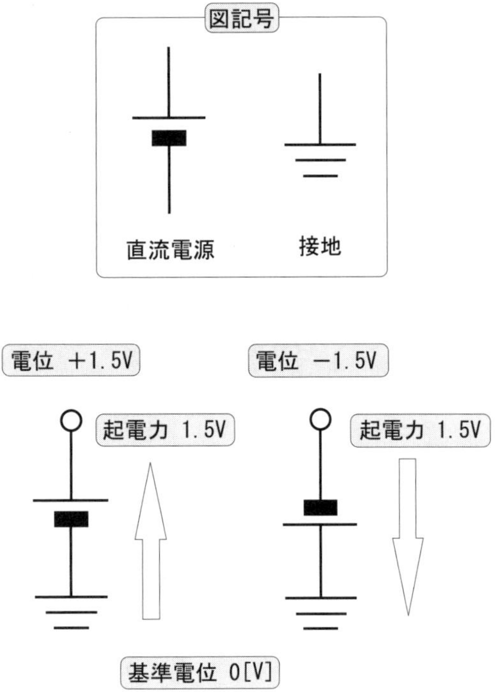

図1.2　基準電位による電位の違い

しかし、電位は電気的な位置エネルギーを表しているので、基準の位置に相当するものが必要である。通常、電位の基準は大地としている。つまり、地球の電位をゼロとして基準とする。回路を地球に接続することを**接地**と言う。アース（earth：地球）を取る、グラウンド（ground：地面）に接続する、などとも言う。また、接地するということは接地した点がどこであっても、そこを電位の基準としてゼロにすることを表している。

接地により基準電位を決めた時の電位と起電力の関係を、図記号により説明する。図記号とは電気回路を図示する時の約束事である。同じ1.5Vの乾電池を使用しても、接地の接続方法により電位が異なることを図1.2に示す。この図のように接地は基準電位となり、電位が０Ｖの点を示す。乾電池の接続を逆にすると、起電力の方向は反対になる。そのため、電池の電圧（電位差）はいずれも1.5Vであるにもかかわらず、接地していない他方の極の電位は＋1.5V、－1.5Vとなり、異なっている。

■1.3　電圧と電流の関係

電圧と電流は意味するところは違うことはわかったが、では２つはまったく関係がないのか、と言うと、そうではない。電圧と電流には密接な関係があるのである。

電位差（電圧）があると電流が流れる。その時の電圧と流れる電流の大きさは比例する。この性質は**オームの法則**と呼ばれる（図1.3）。

「電圧と電流は比例する」

水の場合、水位差が大きくても水量が増えることはないが、電流の場合、電位差（電圧）に比例して電流が変化するのである。電圧は記号E[V]で表す。前述のように電流は記号I[A]で表す。電圧と電流は比例し、比例定数を

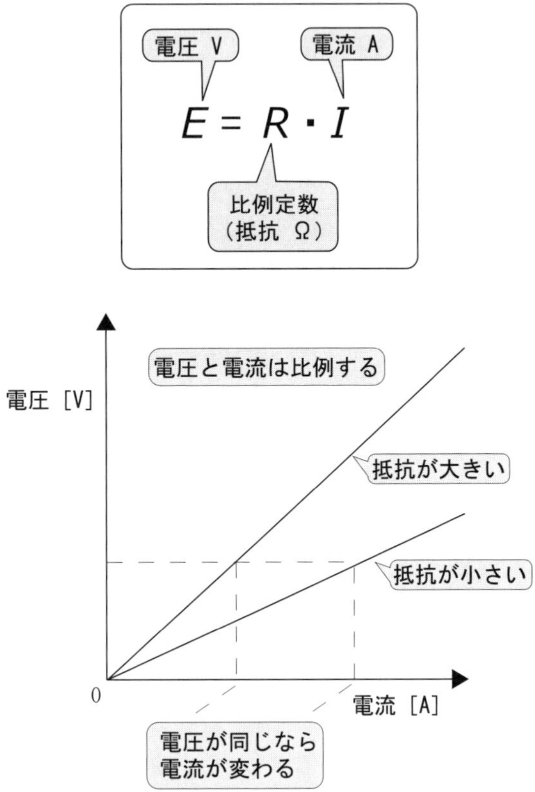

図1.3　オームの法則

R とする。R が大きいほど電流が流れにくい。電流の流れにくさを表す比例定数 R を**抵抗**と呼び、単位は［Ω］（オーム）である。オームの法則を使えば、10Ω の抵抗に

100V の電圧が加わった時には10A の電流が流れることが計算できる。

オームの法則は直流交流を問わず、すべての電気の現象の基本法則である。この後の説明にも何度も出てくることになる。

■1.4　抵抗

電流の流れにくさを表す抵抗とは、どうして生じるのであろうか？　それにはまた、電流が流れる物質内部を考えなくてはならない。

金属は内部に多くの自由電子を持っているので、電流が流れやすい。しかし、自由電子が金属中を移動する時には、金属原子と衝突しながら進んでゆく。衝突により電子の動きが遮られ、電子が移動しにくくなる。これが抵抗である。

電流が流れやすい物質を**導体**と言う。金属以外でも、イオンを含んでいる物質ではイオンが移動する。イオンの移動によっても電流が流れるので、イオンを含む物質は導体である。つまり、食塩水や酸にもイオンがあるので導体である。一方、プラスチック、ゴムなどは内部の自由電子が少ないので、電流がほとんど流れない。これを**絶縁物**と言う。抵抗のごく小さい物質が導体であり、抵抗が極端に大きい物質が絶縁物である。なお、その中間の抵抗値を持つ物質は**半導体**と呼ばれる。

抵抗の大きさは物質によって異なる。これを物質の抵抗率[1]と言う。銅やアルミニウムなどは抵抗率が小さいので導体であり、電線によく使われる。注意しなくてはならないのは導体でも抵抗はゼロではなく、わずかに抵抗値を持っていることである。

「物質により抵抗の値は異なる」

電流をやや流しにくい性質を持つ物体を抵抗と言う。物体の抵抗の値は物体の形状や大きさにも影響される。いま、図1.4に示すような長さがℓの物体が抵抗R[Ω]だとする。この物体を電流の流れる方向に接続して長さが2ℓになったとする。これを**直列接続**と言う。このように直列接続した時、抵抗値は２倍の$2R$[Ω]になる。また物体を横に並べて接続すると導体の断面積は２倍になる。これを**並列接続**という。２つの物体を並列接続した時、抵抗値は半分の$\frac{R}{2}$[Ω]になる。つまり、抵抗を５個直列接続すれば抵抗は５倍になり、５個並列接続すれば抵抗は$\frac{1}{5}$になる。

「抵抗値は物体の長さに比例し、断面積に反比例する」

オームの法則を用いれば、抵抗を接続して抵抗値が変わった時の電流が計算できる。物体の両端に電圧Eを加えた時、電流が流れたとする。物体を２つ直列に接続して抵抗が２倍になった場合、電圧が同じなら電流は$\frac{1}{2}$に減少することがわかる。また物体を２つ並列に接続した場合には

---

1 抵抗率は長さが1mで、断面積が$1m^2$の時の抵抗の大きさを単位[Ω m]で表す。

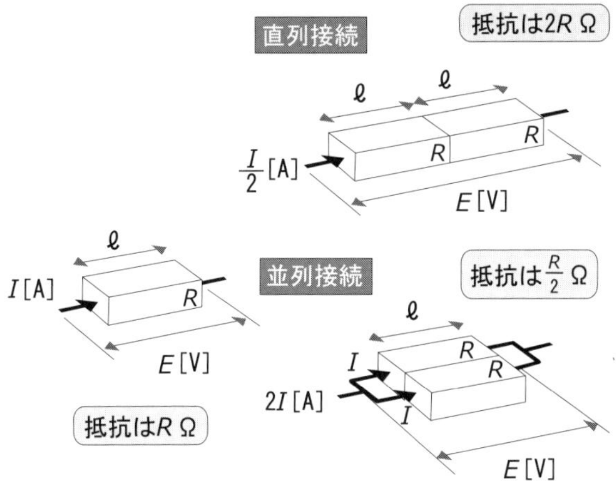

図1.4　物体の形状と抵抗値

抵抗が半分になるので、電流は２倍に増加する。

第2章　電流の働き

私たちは電気をいろいろなことに利用している。部屋を照明で明るくしたり、エアコンや冷蔵庫で部屋や食品を冷やしたり、トーストを焼いたり、電車のモーターを回したり、電気の利用法は数限りなくある。電気を使うということは、電気のエネルギーを利用していることである。電気エネルギーを使うためには、電流を流すことが必要である。電流が流れると、電流はいろいろな働きをする。電気を使うということは、電流の働きを利用しているのである。

電流が流れると、電流が流れている物体の温度が高くなる。この時、電気のエネルギーが熱のエネルギーに変化している。これを電流の**熱作用**と呼んでいる。電流の熱作用を利用していろいろなものを温めることに使用しているのである。また、電流が流れると電流の周りに磁界ができる。電気のエネルギーが磁気のエネルギーに変化する。これを電流の**磁気作用**と呼ぶ。電流の磁気作用を利用している代表例がモーターである。さらに、電流が流れると物体が化学変化して溶解したり、結晶が析出したりする。電気のエネルギーで物質が化学変化する。これは電流の**化学作用**と呼ばれる。電流の化学作用を利用している例として、電池がある。

我々が電気を利用する場合、この3つの作用のいずれかを用いていると考えてよい。本章ではこの電流の3作用について述べてゆく。

■2.1　電流の熱作用

金属などの導体の内部には自由電子がある。自由電子が導体の内部を移動する時に、金属原子と衝突することが抵抗というものが生じる原因であることは、すでに述べた。自由電子と金属原子の衝突は、もう1つの現象を引き起こす。原子は電子と衝突することにより揺り動かされてしまう。原子というのは熱によって振動していると考えられている。温度が高いと原子の振動が激しいという性質があり、これを**熱振動**と言う。電子が導体内部で原子に衝突することで、原子の熱振動がそれまでより激しくなる。すなわち、原子の温度が上がってしまう。つまり発熱する。このように電流により熱が発生することを電流の熱作用と言い、発生する熱を**ジュール熱**と呼ぶ。

エネルギー保存の法則[2]から抵抗で生じるジュール熱のエネルギーと、**電気エネルギー**は等しい。つまり、抵抗で消費される電気エネルギーはすべて熱エネルギーに変換さ

2 エネルギーの総量は変化しない、という物理学の基本法則。

れる。ここで電気の量とエネルギーの関係を考えてみよう。いま、電圧 E[V]、電流 I[A] の時に、t[s] 間に抵抗 R[Ω] で消費される電気エネルギー U[J] を求めるとしよう。

(1)抵抗で消費される電力 P[W] は（電圧 E[V]）×（電流 I[A]）で表される量で、単位は[W]（ワット）である。

(2)抵抗で消費される電力 P[W] をオームの法則（電圧 E[V]）=（抵抗 R[Ω]）×（電流 I[A]）を使って書き直すと、

(電力 P[W]) = (電圧 E[V]) × (電流 I[A])
= {(抵抗 R[Ω]) × (電流 I[A])} × (電流 I[A])
= (抵抗 R[Ω]) × (電流 I[A])^2

となる。抵抗で消費する電力は電流の2乗に比例する。

(3)その時に抵抗で消費される電気エネルギー U[Ws] は t 秒間の電力で表される。電気エネルギーの単位は[Ws]（ワット秒）である。電気エネルギーは（電力 P[W]）×（時間 t[s]）として求められる。これが抵抗で消費するエネルギーである。

(4)抵抗で消費する電気エネルギーはすべて熱エネルギーに変換されるので、ジュール熱で発生する熱エネルギー U[J] も同じ形で表されることがわかる。

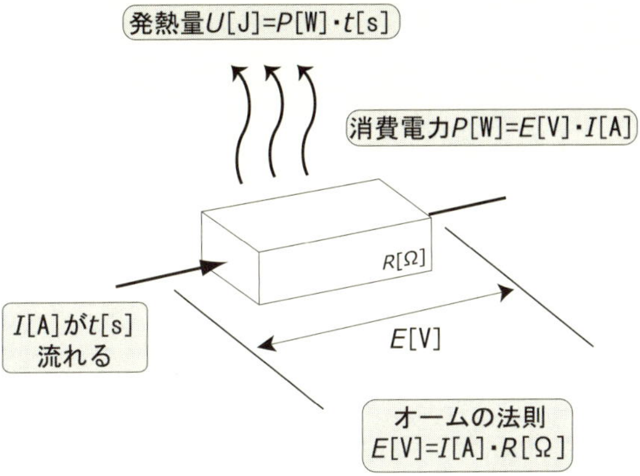

図2.1　電流と発熱

(熱エネルギー U[J])
　　＝(抵抗 R[Ω])×(電流 I[A])^2×(時間 t[s])

　ジュール熱により発生する熱エネルギーは電流の２乗に比例するのである（図2.1）。

「抵抗に電流を流すと発熱し、発熱するエネルギーは電流の２乗に比例する」

　熱などのエネルギーの単位はジュール［J］であるが、電気エネルギーの単位であるワット秒［Ws］もエネルギーの単位である。［J］も［Ws］も同一数値で、1[J]＝1[Ws］である。ある時間に消費された電気エネルギーの総量を**電力量**と言う。つまり、電力［W］とは１秒あたり

表2.1　エネルギーの単位

[J]	運動する物体の持つエネルギーの単位として定義。 1[J]とは1[N]の力で物体を1[m]動かすのに必要な仕事量。
[Ws]	電気的なエネルギーの単位として定義。 1[Ws]とは1[V]、1[A]の電気が1秒間にする仕事量。
[cal]	水の温度変化を基準にした熱量の単位として定義。 1[cal]とは水1[g]の温度を1[℃]上昇させるのに必要な熱量。なお、1[cal]≒4.2[J]である。

の電気エネルギーを表している。電力がどの程度の時間供給されたかの電力量［Ws］はエネルギー［J］を表している。なお、実用上、電力量はワット時［Wh］やキロワット時［kWh］が用いられることが多い。

エネルギー、熱量、仕事はいずれも単位が［J］であり、物理的には同じ量を示している。**仕事率**（毎秒あたりの仕事）は［J/s］であるが、電気的な仕事率を**電力** P［W］と呼んでいる。機械で使われるパワー、動力なども仕事率を示しており、単位に［W］を用いている。このほかに、エネルギーには慣用的にカロリー［cal］も使われている。これらのエネルギーの単位についての関係を表2.1に示す。なお、1[kWh］のエネルギーを換算すると約860［kcal］である。ちょうど1食分の食事のエネルギーに近い量である。

■2.2　電流の磁気作用

電流が流れると、その周囲に**磁界**が発生する。これを電流の磁気作用と言う。磁界がなぜ発生するのかを説明するのは量子力学を使って説明する必要があり、相当難しいので、発生するものだと理解してほしい。

電流が流れると発生する磁界の様子を図2.2(a) に示す。これは磁界の様子を砂鉄の分布で表した写真である。磁界は同心円状に広がっている。また、磁界には向きがあり、磁界の向きと電流の向きの間には**右ねじの法則**と呼ばれる関係がある。右ねじの進む方向に電流が流れていると、右ねじの回る方向の磁界が生じる。これをアンペアの右ねじの法則と言う。磁界は記号 H で表し、単位は［A/m］である。

「電流が流れると周囲に磁界ができる」

電流が流れている導体が直線状ではなく、リング状になっている場合、図2.2(b) に示すような磁界ができる。この時、磁界の形を見るとリングの円形断面の片側から磁界が入り込み、反対側から磁界が出てゆくように見える。つまり、薄い円盤の永久磁石があるような磁界ができる。リング状の導体（円形コイル）は、薄い円盤状の永久磁石と同じ形の磁界を作るのである。電流を流してできる磁界は、永久磁石の周囲の磁界と同じように考えることができる。

このような円形コイルを何回も連続的に巻いて接続したものを**ソレノイド**と呼ぶ。ソレノイドにより生じる磁界は

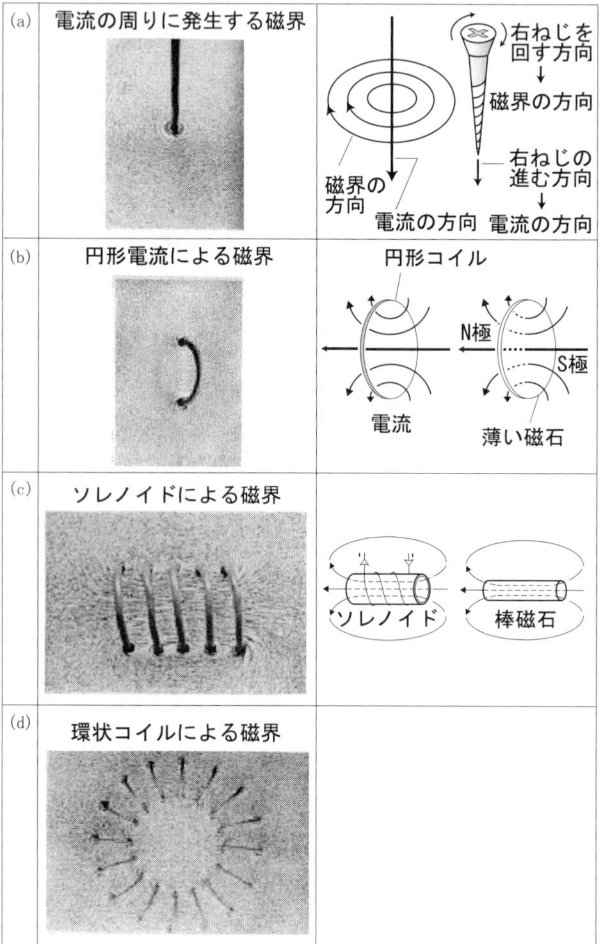

茅誠司ほか『新物理実験図鑑』より

図2.2　電流により生じる磁界

図2.2(c) のようになる。この形からソレノイドの周囲の磁界は円柱状の棒磁石の磁界と同じ形と考えることができる。ソレノイドをまげてリングにしたものを**環状コイル**と言う。環状コイルによりできる磁界を図2.2(d) に示す。磁界は環状コイルの内側をぐるりと1周している。

これまでの図では、磁界の様子を表すために、砂鉄の分布や矢印をつけた**磁力線**を使ってきた。なお、磁力線とはその場所での磁界の向きを表した仮想の線である。磁力線はN極から外部に出てS極に入ってゆくと決められている。しかし物質が異なると磁気の通しやすさが異なり、磁界が異なる。そのため、砂鉄の分布や磁力線では物質の境界の様子を表すことができない。さらに、いずれの方法も磁界を数値で表すことができない。そこで磁界を表すために、物質によって変化しない**磁束**という量が使われる。図2.3に示すようなリング状の鉄（鉄心と言う）の一部が切り欠かれて、隙間があるものにコイルが巻いてあるとする。隙間とはつまり空気があることを示している。鉄は空気よりも磁気を通しやすい。これを**透磁率**が高いと言う。純粋な鉄の透磁率は空気の約1000倍である。そのため磁束は鉄心の内部を通り、鉄心の周囲にはほとんど磁界ができない。しかし、リング中の隙間は空気であるが、1周する磁束の通り道である。この時、鉄心内部だけでなく、隙間にも磁界があることを磁束によって表す。磁束は通常、記号ϕ（ファイ）で表し、単位は［Wb］（ウェーバー）である。磁束は連続して1周する。つまり、鉄心の内部でも隙間でも磁束数は変わらないのである。

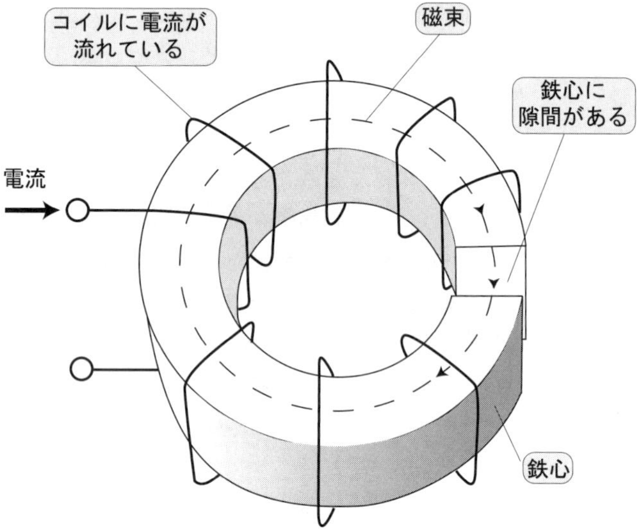

図2.3　鉄心に隙間がある場合

■2.3　電流の化学作用

金属などの導体では、内部の電子が移動することで電流が流れると説明した。しかし、食塩水や酸なども電流が流れる導体である。これらの液体の内部にはイオンがあり、イオンの移動により電流が流れる。

電流が流れるような液体にはプラスの電荷を持つ陽イオンと、マイナスの電荷を持つ陰イオンが存在している。イオンとは原子が電気を帯びたものと考えてよい。原子は原子核のプラスと電子のマイナスの総計がバランスしており、電気を帯びていない。しかし、原子が電子を失ったり、余分に電子を持ったりすると、その不釣り合いの分だけ電気を帯びることになる。陽イオンはマイナスの電荷を持つ電子が不足しているので、プラスに帯電している。陰イオンは電子を余分に持つのでマイナスに帯電している。水などに溶かして溶液にするとイオンになる物質を**電解質**と言い、その溶液を**電解液**と言う。電解質は内部でイオンの移動や電子の移動が生じるので、電流が流れる導体である。電解質に電流を流すと電解質そのものが化学的に変化することがある。

電解質に電流が流れて変化する例として、水の電気分解がある。純粋な水はイオンがほとんど存在しないため電気分解できない。そのため、水酸化ナトリウムなどの水溶液を用いて水の電気分解を行う。図2.4に示すように、水酸化ナトリウムは水溶液中ではナトリウムイオン Na^+ と水酸イオン OH^- になっている。水も水素イオン H^+ と水酸イオン OH^- になっている。溶液中には3種類のイオンが存在している。

水酸化ナトリウム水溶液中に2つの金属を入れる。この金属を電極として、外部から直流電流を流す。電流が流れると、マイナスに接続された電極（負極）には電子が供給される。それにより負極の電位は低くなる。すると、水溶液中の水素イオン H^+ はプラスの電荷を持つので、負極に引き寄せられる。負極に到達すると、水素イオンは負極から電子を受けとり、電気を帯びなくなる。水素イオンから

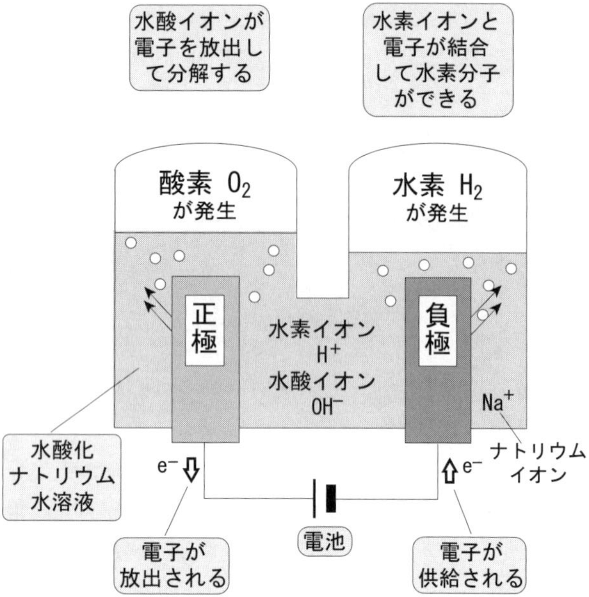

図2.4　水の電気分解

水素そのものになる。そのため負極の表面から水素ガスが発生する。

一方、プラスに接続された電極（正極）は電位が高くなる。そのため、正極にはマイナスの電荷を持つ水酸イオン OH^- が引き寄せられる。水酸イオンから余剰な電子が放出され、電子は正極に移動する。水酸イオンは電子を放出することにより、水と酸素に変化する。そのため、正極の表面から酸素ガスが発生する。このように電流を流すことによって電子が供給されたり、取り去られたりすることになり、物質が化学変化する。

なお、ナトリウムイオンNa^+もプラスに帯電しているので負極に引き寄せられるが、ナトリウムイオンは水素よりもイオンになりやすい[3]ので、イオンのまま水溶液中に残っている。水酸化ナトリウム溶液を使っているが、実際は水を分解している。

電池の元祖と言われる**ボルタ電池**は、電解液に電極を浸したものである。図2.5にボルタ電池の原理を示す。電極には銅板と亜鉛板を用いる。電解液は硫酸である。亜鉛は硫酸に溶け出す。亜鉛が溶けるということは、亜鉛板がイオンを供給するということである。亜鉛が亜鉛イオンZn^{2+}となって、硫酸中に溶け込んでゆき、亜鉛原子の持っていた電子を放出する。そのため、亜鉛の極板表面には電子が溜まってゆく。電子が過剰なので亜鉛板の電位が低くなり負極となる。この時、銅板には変化がないが、負極の亜鉛板より相対的に電位が高くなるので、銅板が正極になる。

外部に回路を接続すると、負極の亜鉛板に溜まった電子は外部の回路を通って正極の銅板まで移動する。つまり、外部に電流を流すことができる。これだけで電池として働くのである。

---

3 イオンになりやすさを示したのがイオン化傾向である。イオン化傾向が大きいということは電子のやり取りをあまりしない性質であることを示している。

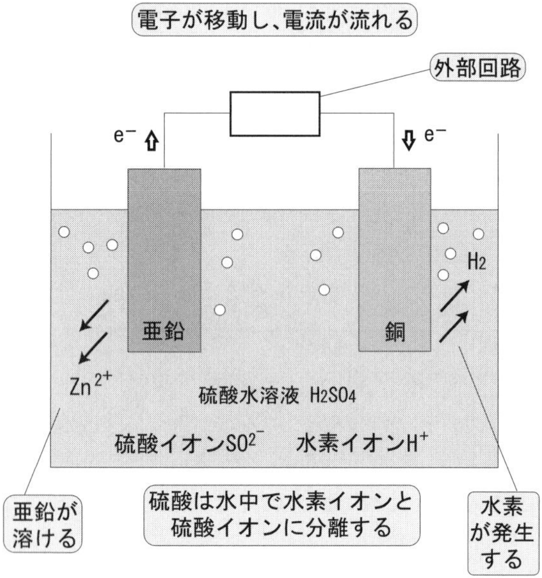

図2.5　ボルタ電池の原理

正極の銅板には外部回路から電子が供給されてゆく。この時、溶液中の水素イオン H^+ はプラスに帯電しているので、銅板に引き寄せられる。引き寄せられた水素イオンは銅板の電子を受け取って水素になり、銅板から水素ガスが発生する。以上をまとめて、化学反応式で表すと次のようになる。

負極の反応　：　$Zn \rightarrow Zn^{2+} + 2e^-$

正極の反応　：　$2H^+ + 2e^- \rightarrow H_2$

この反応式では、亜鉛 Zn と水素 H_2 が電子をやり取りしていることしか表していない。反応式には正極に使った銅は出てこない。銅板は単なる電子の受け渡しにしか使われていない、ということである。しかし、銅以外の他の金属ではうまくゆかない場合が多い。このような時、銅は触媒として働いていると言う。

ボルタ電池は亜鉛が溶けて電流に変換される。つまり、物質が分解して電気に変換されている。この作用を逆方向に行うことができれば、電流を流して元の物質に戻すことができる。物質を分解して電流を得て、再び外部から電流を流して元の物質を合成することは、物質の形で電気を溜めることになる。これが充電式の電池の原理である。

「電子の吸収、放出で物質が化学変化する」

このほか、液体中に金属のイオンがある時、電流による反応で金属イオンを電極の表面に固体として析出させることもできる。これが「メッキ」の原理である。このようにイオンが存在している電解質では電流を流すことにより、様々な化学反応が引き起こされる。イオンの反応と関係するのが電流の化学作用である。

第3章　コイルとコンデンサ

電気部品を導線でつないだものを**電気回路**と言う。これまでに述べた電気部品としては抵抗があった。抵抗のほかによく使われる電気部品として、コイルとコンデンサがある。コイルもコンデンサも、電流が流れると内部にエネルギーを蓄積したり、または内部に蓄積したエネルギーを放出したりする。コイルとコンデンサを使うと、電気回路でいろいろなことをさせることができるようになる。コイルとコンデンサは電気回路で重要な働きをする部品である。ここではコイルとコンデンサの原理と働きについて説明してゆく。

■3.1　電磁誘導

導線を巻いたものを**コイル**と言う。コイルに永久磁石を近づけたり離したりしてみよう。永久磁石が動くと、コイルの回路に電流が流れる。しかし、永久磁石が動かなければ電流は流れない。永久磁石が動いている間だけ電流が流れる。この現象を**電磁誘導**と言う。電磁誘導により電流を

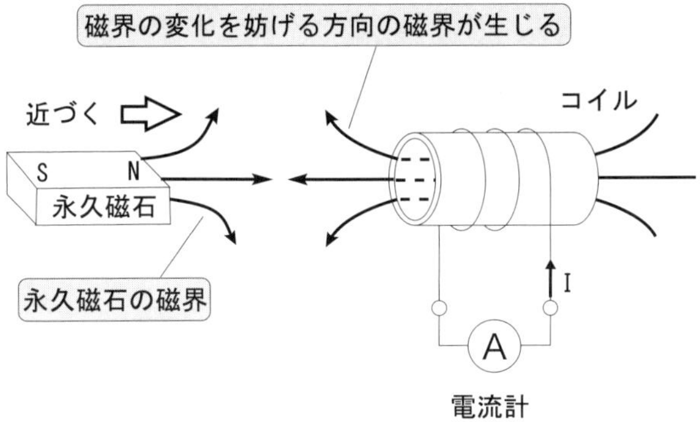

図3.1　電磁誘導

流す力（起電力）が生じる。これを**誘導起電力**と言う。この時、流れる電流を**誘導電流**と言う。永久磁石が近くにあるだけでは電磁誘導は生じない。永久磁石が近づいたり遠ざかったりすると、電流が流れるのである（図3.1）。

永久磁石の周囲には磁界がある。永久磁石がコイルに近づき、コイルの内側に磁界が入り込もうとすると、コイルはそれと**反対方向の磁界を生じさせよう**とする働きをする。コイルに入り込んでくる磁界をキャンセルして押し返そうとするのである。このような磁界が生じるような方向に電流が流れているかのように誘導起電力が生じるのである。誘導電流の方向は右ねじの法則の方向に従う。別の説明をすると、永久磁石のN極が近づいてくると、それを阻むために、コイルの左端がN極になるような電流が流れる、とも言える。永久磁石が遠ざかる時には、磁界が減らないような方向の磁界が生じる。そのため、その時の誘

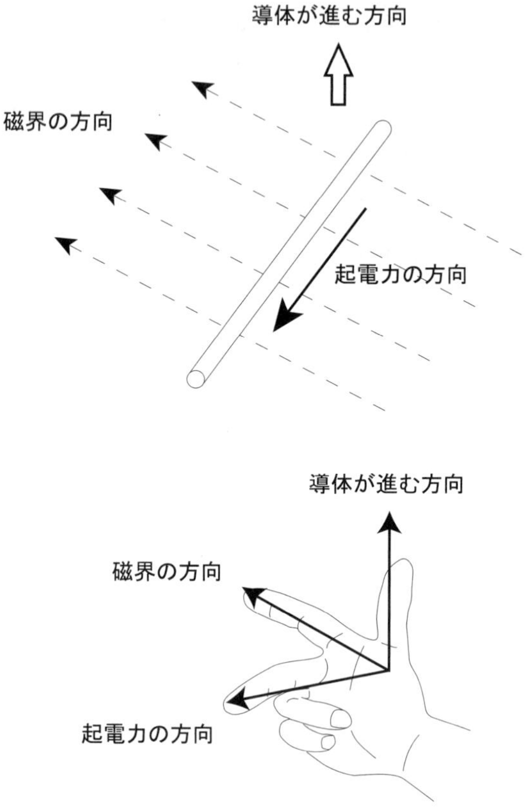

図3.2　フレミングの右手の法則

導電流の向きは近づく時とは逆方向になる。

電磁誘導で生じる誘導起電力の大きさは、永久磁石の動きが速いほど大きくなる。また、誘導起電力は永久磁石の強さが強く、コイルの巻き数が多いほど大きくなる。

永久磁石とコイルの関係を次のように考えてみよう。永久磁石は動かずに、一定の磁界があると考える。コイルの代わりに1本の導体を考え、導体が動くとする。この時にも導体に誘導起電力が生じる。誘導起電力の方向は**フレミングの右手の法則**で表される。導体が親指の方向に動いており、磁界が人差し指の方向にある時、導体には中指方向の起電力が誘導される。この関係を図3.2に示す。永久磁石（磁界）が動いてもコイル（導体）が動いても、両者の相対的な運動は等しい。動いているものから見れば、止まっているものが動いているように見えるということである。

「磁界が変化すると誘導起電力が生じる」

■3.2　インダクタンス

次に、コイルと永久磁石の代わりに、接近して置かれた2つのコイルがあると考えよう。このうちの1つのコイルに電流を流す。電流によりコイルに生じる磁界は、もう一方のコイルから見れば、永久磁石の周囲の磁界と同じように見えるはずである。前項とは違って、永久磁石やコイルが動くのではなく、2つのコイルは静止しており、コイルを流れている電流が変化したとする。電流が変化すると、電流によってできる周囲の磁界が変化する。そのため、電磁誘導が生じ、他方のコイルに誘導起電力が生じる。この作用を**相互誘導作用**と言う。

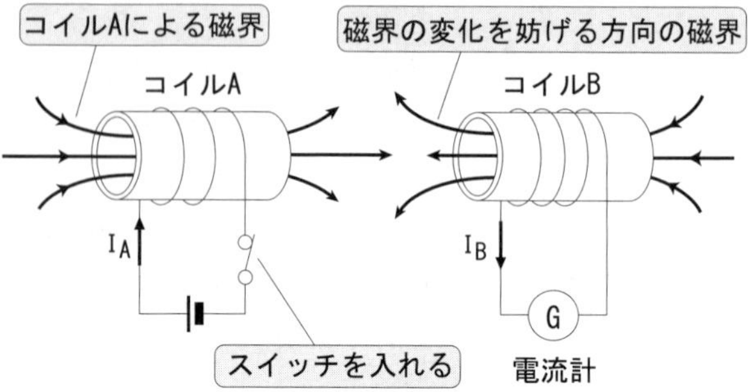

図3.3　相互誘導作用

図3.3に示すような構成を考えよう。コイルAの回路のスイッチをオンして電流を流すと、コイルAの周囲に磁界ができる。スイッチをオンするということは、コイルAの電流がゼロからある値まで変化するということである。ごく短時間を考えれば、電流がゼロから徐々に大きくなる。電流の変化に従って、電流によってできるコイルAの磁界も変化する。この時コイルAの磁界中にあるコイルBには電磁誘導が生じる。つまり、コイルBには逆方向の磁界ができるような方向に誘導電流が流れる。コイルAの電流が立ち上がって一定になると、コイルAの作る磁界の変化はなくなるので、コイルBには誘導起電力は生じなくなる。

このようなコイル間の相互誘導作用によって生じる誘導起電力の大きさは、電流の変化の早さと関係している。この関係は**相互インダクタンス**という量で表される。コイル

Ａを流れる電流の変化率とコイルＢに誘導される起電力は比例する。電流の変化率とはある時間に電流がどの程度変化するか、ということである。相互インダクタンスはその比例定数である。相互インダクタンスは記号 M で表され、単位には［H］（ヘンリー）を用いる。相互インダクタンスが１［H］とは、コイルＡに１秒間に１［A］の電流変化があった時、コイルＢに誘導される起電力が１［V］であるようなコイルの組み合わせを言う。また、コイルＢを流れる電流が変化した時にコイルＡに生じる誘導起電力も、同一の相互インダクタンスで表される。

$$(\text{コイルBに誘導される起電力［V］}) = (\text{相互インダクタンス}\ M[\text{H}]) \times \frac{(\text{コイルAの電流の変化の大きさ［A］})}{(\text{変化にかかった時間［s］})}$$

$$(\text{コイルAに誘導される起電力［V］}) = (\text{相互インダクタンス}\ M[\text{H}]) \times \frac{(\text{コイルBの電流の変化の大きさ［A］})}{(\text{変化にかかった時間［s］})}$$

２つのコイルの関係だけでなく、コイルが１つだけであっても電磁誘導が生じる。コイルを流れる電流が変化すると、そのコイル自身にも誘導起電力が生じる。誘導起電力の方向はコイルの磁界の変化を妨げる方向である。これを自己誘導作用と言い、誘導される起電力を**自己誘導起電力**と言う。自己誘導起電力は**自己インダクタンス**を使って表される。自己インダクタンスはコイルを流れる電流の変化率と、そのコイル自身に誘導される起電力の比例定数である。自己インダクタンスは記号Lで表され、単位は［H］である。コイルの自己インダクタンスが1［H］とは、1秒間に1［A］の割合で電流を変化させた時、1［V］の自己誘導起電力を生じるようなコイルである。

$$\text{（自己誘導起電力［V］）} = \text{（自己インダクタンス}L\text{［H］）} \times \frac{\text{（電流の変化の大きさ［A］）}}{\text{（変化にかかった時間［s］）}}$$

自己誘導起電力が生じている間は、コイルに電流が流れている。（自己誘導起電力［V］）×（電流［A］）は電力である。その電力が、自己誘導起電力が生じている時だけエネルギーとしてコイルに蓄えられている。この間にコイルに蓄えられるエネルギーの大きさは、自己インダクタンスLに比例する。また、コイルに流れている電流の2乗に比例する。

$$\text{（コイルに蓄えられるエネルギー［J］）} = \frac{1}{2} \times \text{（自己インダクタンス}L\text{［H］）} \times \text{（電流}I\text{［A］）}^2$$

つまり、電流が流れている間はコイルにはエネルギーが蓄積されているということである。電流の変化がなくなって、電磁誘導が起きなくなった後でも、それまでに蓄積されたエネルギーは電流が流れている限りコイルに蓄えられている。

図3.4に示すように、コイルに直流電源を接続してスイ

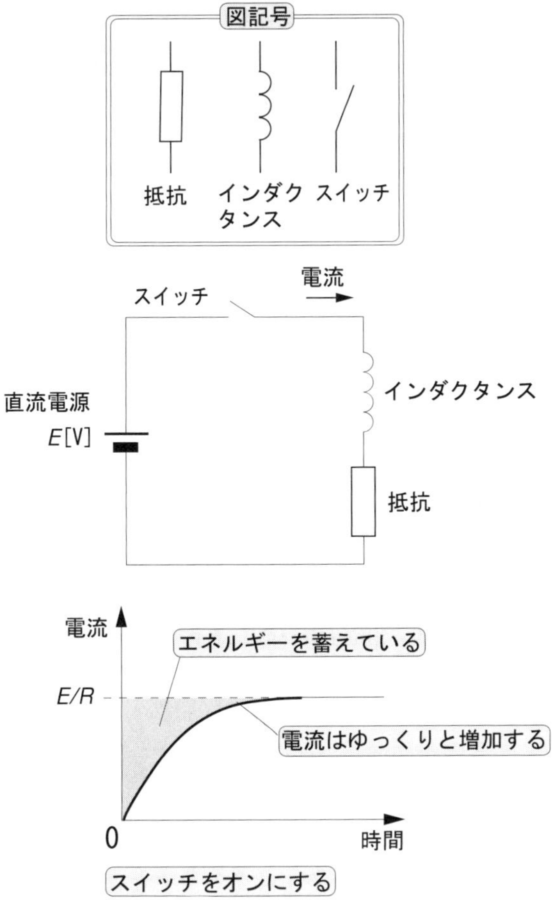

図3.4　インダクタンスに電流を流す

ッチを入れても、いきなりは大きな電流は流れない。コイルにエネルギーを蓄積しながら電流が徐々に増加する。スイッチをオフにして電流がゼロに変化する時に、蓄積されたエネルギーはコイルから放出される。電流が流れていない時にはコイルにはエネルギーは蓄積されないからである。このようなコイルの働きを使うための回路部品を**インダクタンス**（インダクター）と呼ぶ。

「インダクタンスに電流を流すとエネルギーが蓄積される」

インダクタンスがエネルギーを蓄積している間は電流が徐々に増加するということは、**インダクタンスには電流の変化をゆっくりさせる働きがある**と言える。また電流が低下する時も、エネルギーを放出することによって電流の低下をゆっくりさせると言える。コイル（インダクタンス）は電気回路において電流の急激な変化を抑える働きをするのである。

■3.3　静電気

摩擦により静電気が生じたことは誰にも経験があると思う。ガラス、プラスチックなどの絶縁物を摩擦すると、表面に正と負の電荷が生じて帯電する。このように生じた電気を**静電気**と言う。

いま、プラスチックなどの絶縁物に載せられた金属（導体）の球を考える。この球に正の電荷で帯電したガラス棒を近づける。するとガラス棒に近いほうの球の表面には、負の電荷が現れる。近づいてくるガラス棒の正の電荷をキャンセルするように、球には負の電荷が現れる。同時に球の反対側には正の電荷が現れる。しかし、ガラス棒を遠ざけると球の正負の電荷は消えてしまう。帯電したガラス棒が近くにないと、表面の電荷は互いにキャンセルして消えてしまう。このような現象を**静電誘導**と言う。

静電誘導現象を利用して静電気を蓄積することができる。これが**コンデンサ**である。図3.5に示すように２枚の金属板を平行にして、その間に絶縁物を挟む。その金属板に外部から直流電源を接続する。２枚の金属板の間には絶縁物が挟まれているので、電流は流れないはずである。しかし、スイッチをオンした瞬間に一瞬だけ電流が流れる。これは金属板の間の絶縁物に静電誘導が生じることによる。

断面図に示すように、スイッチをオンした瞬間に、一方の金属板には電子が流れ込む。この電荷に対応して絶縁物の表面にプラス（＋）の電荷が誘導される。すると、絶縁物の反対側にはこれをキャンセルするためのマイナス（－）の電荷が誘導され、金属板にはプラス（＋）の電荷が誘導される。このように静電誘導の起きている期間だけ電流が流れることになる。静電誘導現象が終わると電流は流れなくなる。

面白いことに、このように誘導された静電気はスイッチをオフして外部から電圧が加わらなくなっても、そのまま絶縁物の表面に残っている。スイッチをオンする前には、金属板間の電圧はゼロである。しかし、一度スイッチをオ

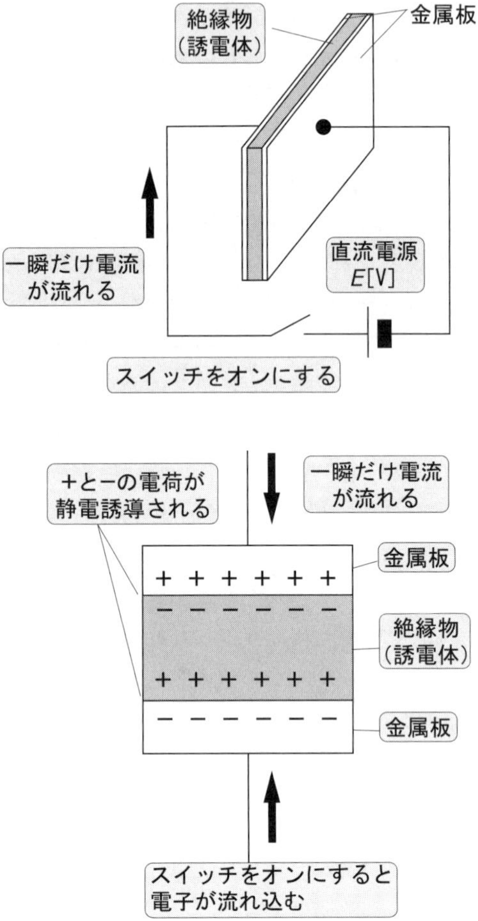

図3.5　コンデンサの原理

ンしてから再びスイッチをオフしても、2枚の金属板の間には直流電源の電圧 E[V] がそのまま残る。これは電荷が蓄えられたことを示している。このように電荷を蓄えるような働きをするのがコンデンサである。絶縁物は**誘電体**と呼ばれる。誘電体は絶縁物なので電流は流れないが、電荷を誘導し、蓄積する性質を持っているのである。

■3.4　コンデンサ

コンデンサは静電誘導を利用して電荷を蓄える。コンデンサに蓄えられる電荷の量は、コンデンサに加えられた電圧に比例する。この時の比例定数を**キャパシタンス**と呼び、静電容量とも言う。キャパシタンスは記号 C で表され、単位には［F］（ファラド）が用いられる。コンデンサに1［V］の電圧が加えられた時、1[C］の電荷が蓄えられるキャパシタンスを1［F］と言う。実際にはファラドという単位は大き過ぎるので、実用上はマイクロファラド［μF ＝10^{-6}F］やピコファラド［pF ＝10^{-12}F］が用いられる[4]。

$$(\text{コンデンサに蓄えられる電荷の量 } Q[\text{C}]) \\ = (\text{キャパシタンス } C[\text{F}]) \times (\text{電圧 } E[\text{V}])$$

コンデンサに電圧がかかると、コンデンサのキャパシタンスによってコンデンサに電荷が蓄えられる。静電気を蓄

---

4 地球の大きさの金属球でできたコンデンサを考えてもキャパシタンスは 0.0007[F]＝0.7[mF] しかない。

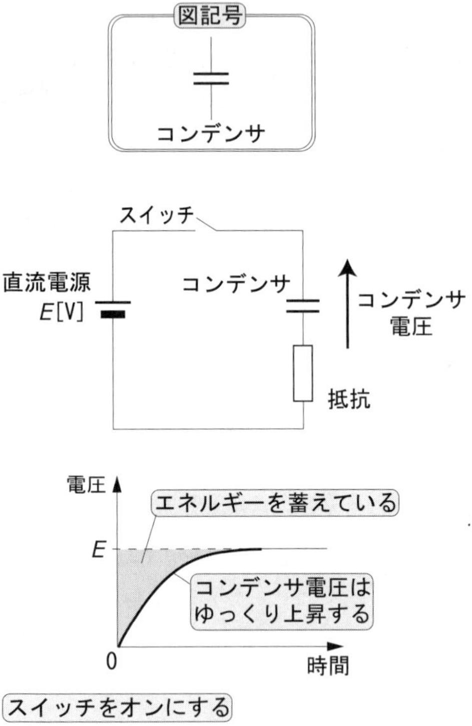

図3.6　コンデンサに電荷を溜める

えることはコンデンサに電気エネルギーが蓄積されるということである。コンデンサに蓄えられるエネルギーの大きさはキャパシタンスに比例する。また、コンデンサに加えられた電圧の２乗に比例する。

$$(\text{コンデンサに蓄えられるエネルギー}\ [\mathrm{J}]) = \frac{1}{2} \times (\text{キャパシタンス}\ C[\mathrm{F}]) \times (\text{電圧}\ E[\mathrm{V}])^2$$

図3.6に示すように、コンデンサにE［V］の直流電源を接続してスイッチを入れると、コンデンサの電圧はゆっくり上昇する。コンデンサに蓄積されたエネルギーに応じてコンデンサの両端の電圧が徐々に増加する。しかもスイッチをオフして電源と接続されなくなってもコンデンサにはエネルギーは蓄積されており、電圧はE［V］のまま下がらない。電源と回路が切り離されてもエネルギーは放出されない。インダクタンスに蓄えられたエネルギーは電流がゼロになれば放出されてしまうのと異なることに注意を要する。

「コンデンサに蓄積されるエネルギーはスイッチが切られても保持される」

コンデンサに電圧を加えると、コンデンサがエネルギーを蓄積するために、徐々にコンデンサの両端の電圧が増加する。このことは**コンデンサには電圧の変化をゆっくりさせる働きがある**ことを示している。加えられる電圧が急激に低下しても、コンデンサに蓄積されたエネルギーによって電圧をゆっくり低下させる。コンデンサ（キャパシタンス）は電気回路において電圧の急激な変化を抑える働きをしている。

第４章　電気と磁気で生じる力

永久磁石を手に持って、２つの磁石のＮ極とＳ極を近づけると引き合い、同極同士を近づけると反発してしまうことは誰でも経験していると思う。このような２つの磁石が引き合ったり、反発したりするのは磁石の間の磁気力によるものである。また導線を流れる電流の周囲には磁界ができるので、２本の導線を流れる電流の間にも磁気力が生じている。同じように静電気でも吸引力や反発力が生じる。電気と磁気を使うと力を生み出すことができる。ここでは電気と磁気により発生する力について述べる。

■4.1　磁気力

棒状の永久磁石を自由に回転できるように吊り下げると、磁石が南北を指して静止する。磁石の両端は磁力が強い。これを磁極と言う。この時、北を指す磁極をＮ極（North Pole、プラス極、正極とも言う）と呼び、南を指す磁極はＳ極（South Pole、マイナス極、負極とも言う）と呼ぶ。２つの磁石があった時、Ｎ極とＳ極の間には吸引力が生じ、同極の間には反発力が生じる。この時、吸引、反発力とも力の大きさは、磁石間の距離の2乗に反比例する。つまり、距離が $\frac{1}{2}$ に近づくと力は4倍になる。

磁石は鉄を引き寄せる。これは鉄が磁化されるからである。磁化とは磁石のN極を鉄に近づけると、鉄の磁石側の表面にS極の磁極が現れ、反対側にN極の磁極が現れることを言う。この現象を**磁気誘導**と言い、磁気誘導により磁化される物質を**磁性体**と言う。鉄は磁性体なので磁化される。そのため鉄と磁石の間に吸引力が生じるのである。

磁極の間に働く力は真空中でも生じる。このように磁気的な影響を及ぼす空間を磁界と呼ぶ。磁極間に空気や媒体が何もなくても影響を及ぼすのが「**界**」である。「界」はまた、「**場**」とも言う。磁場も磁界も同じことを指している。磁界中に磁極があると力が生じる。力の大きさは磁界の強さと磁極の強さに比例する。ここで注意しなくてはならないのは、磁界は場所により強さと方向が異なることである。図4.1(a) に示すような磁石と砂鉄で描いた模様は磁界の様子を表している。

磁界の様子をもうすこしわかりやすくするために、図4.1(b) に示すような**磁力線**で考えてみよう。磁力線は次のように描かれている。

(1) N極から出て、S極に戻る
(2) 磁力線の向き（接線）がその位置での**磁界の方向**を示す

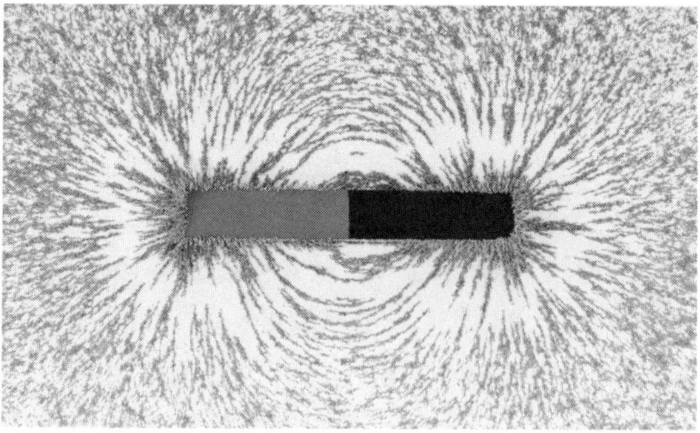

Bridgeman Images/PPS通信社

(a)砂鉄で描いた模様

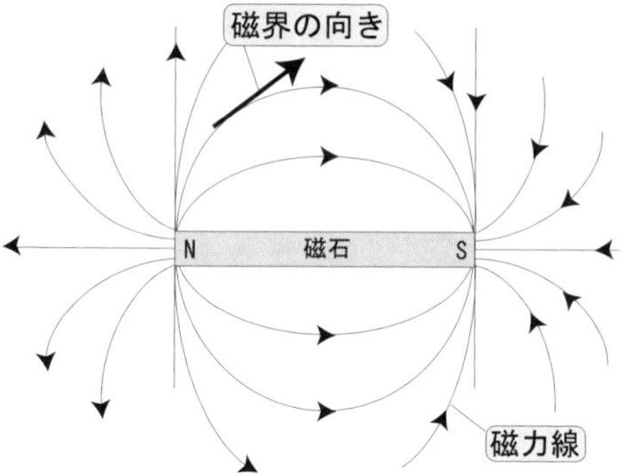

(b)磁力線

図4.1　磁石と砂鉄の描く模様

⑶磁力線の密度が**磁界の強**さを示す

磁極の近くでは磁力線が集まっており、磁界が強いことを示している。また、場所により磁界の向きが異なっていることもわかる。磁力線にはさらに、次のような性質がある。

⑷磁力線は縮もうとする
⑸同じ向きの磁力線は互いに反発する

この２つの性質が吸引力と反発力という磁気力の性質を表している。Ｎ極とＳ極の間の磁力線は縮もうとするので吸引力を生じる。一方、２つのＮ極の間の磁力線は反発し合う。このように磁界によって磁極間には力が働いている。

■4.2　電磁力

電流を流すと、周囲に同心円状の磁界ができる。では、すでに磁界があるところで電流が流れると、磁界はどうなるであろうか？　図4.2に示すように、上から下に向かう一定な磁界がある時、その磁界中で紙面に垂直に電流が流れたとする。電流により生じる磁界は同心円状の磁力線で表される。この時、２つの磁界は合成される。電流の右側では同じ向きの磁力線が増加している。一方、電流の左側では磁力線の向きが反対なので、打ち消しあってしまう。そのため、２つの磁界を合成すると磁力線はやや右に膨ら

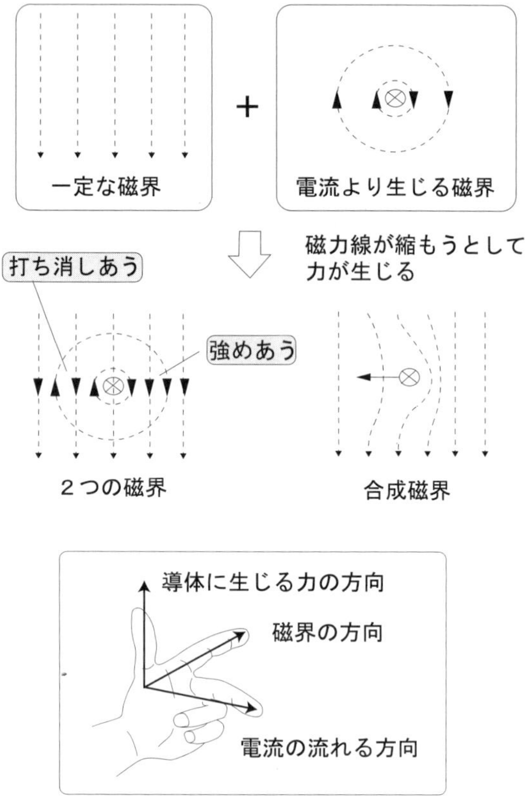

図4.2　磁界と電流

んだ形になる。磁力線は縮もうとする性質があるので、膨らんだ部分が縮もうとする。そのため、電流が流れている導体に左向きの力が生じるのである。このような電流と磁界により生じる力を**電磁力**と呼ぶ。電磁力の方向は**フレミ**

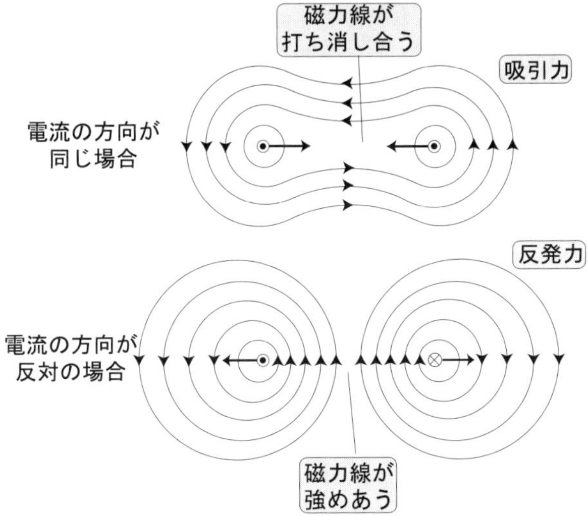

図4.3　平行導体に働く力

ングの左手の法則でも説明される。左手の人差し指を磁界の方向、中指を電流の流れる方向とした時に、親指の方向に力が生じる。

電流は１周しないと流れないので、行きと帰りのプラスとマイナスの２本の導体が必要である。そのため一般的に電流の配線はプラスとマイナスの２本の線を束ねて行う。２本の導体に電流が流れている時の電磁力の様子を図4.3に示す。同一方向の電流が流れている時、導体の間の磁力線は反対向きなので打ち消し合い、導体の間の磁力線はまばらになる。そのため、２本の導体の間に吸引力が働く。

家庭でよく見かける平行ビニル線は２本の線の電流が逆向きである。この時、導体の間の磁力線は同一方向になり、強め合う。そのため２本の導体が反発して互いに離れようとする方向の力が働いている。

■4.3　静電力

静電気を帯電した物体を近づけると、静電気による力が発生する。この力を**静電力**と言う。プラス・マイナスの異種の電荷の間には吸引力が働き、同種の電荷の間には反発力が働く。２つの電荷の間に働く力は距離の２乗に反比例する。

静電気の間に働く力は真空中でも生じる。このように静電気の力の働く空間を**電界**（**電場**とも言う）と呼び、電界の強さは単位［V/m］で表される。電界は磁界と同じように場所により大きさと方向が異なるので、電界に対しても磁力線と同じような**電気力線**というものを考える。電気力線は磁力線と同じように次のように描く。

⑴プラスから出て、マイナスに戻る
⑵電気力線の向き（接線）がその位置での電界の方向を示す
⑶電気力線の密度が電界の強さを示す

電気力線が集まっているところは電界が強いことがわかる。また、場所により電界の向きが異なっていることもわかる。電気力線にはさらに、次のような性質がある。

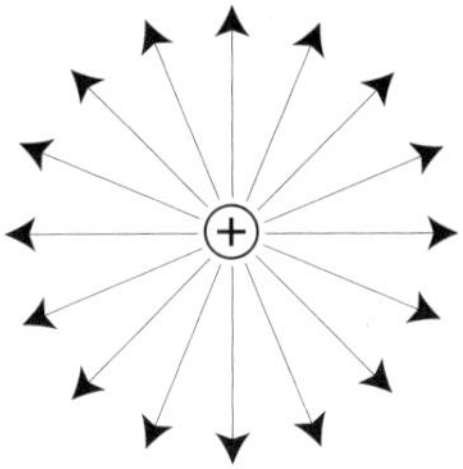

電荷が1つの時

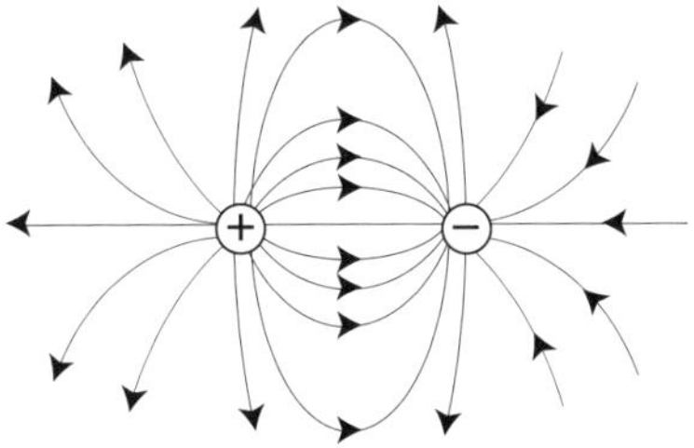

正負2電荷の時

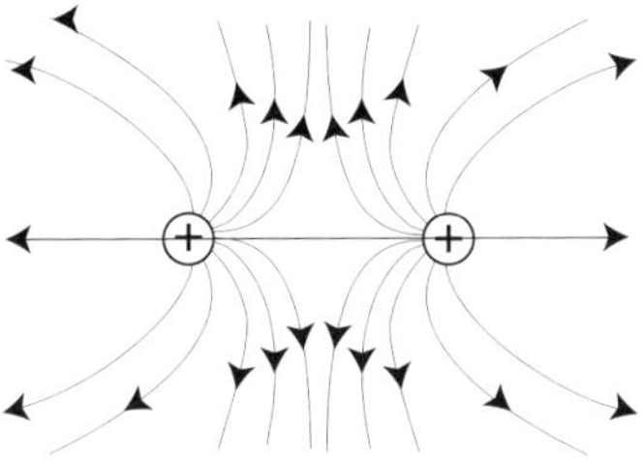

正の2電荷の時

図4.4　電気力線

⑷電気力線は縮もうとする

⑸同じ向きの電気力線は互いに反発する

このように電気力線は磁力線と同じ性質を持つと考えてよい。図4.4に示すように、プラスとマイナスの間の電気力線は縮もうとするので吸引力を生じる。一方、2つのプラス極の間の電気力線は反発し合う。このように電界によって静電力が働く。電気力線は磁界の様子を示す磁力線と同じように電界の様子を表している。

第5章　交流電流とは

ここまでは電気の基本として、電気、磁気および電流の作用などを述べてきた。このような電気の基本は、直流にも交流にも共通する電気の基本的な性質である。しかしこれまでの「電流が流れている」という説明では、みなさんは電流がある方向を向いている直流電流をイメージしていたのではないだろうか。

ここからは本書の主題である「交流」について詳しく述べてゆく。交流電流とは電流の向きが常に入れ替わる電流である。ここでは電流の向きが入れ替わるとはどういうことなのか、そしてそれがどんなことを引き起こすのかを述べてゆきたいと思う。

■5.1　交流電流

電流は電源のプラスから出て、回路を通って電源のマイナスに向かって流れる。プラスとマイナスの２つの端子（ターミナル）を持ち、電流を供給するための装置を**電源**と呼ぶ。電流は電源から回路を流れ、また電源に戻ってくる。

回路は電流の流れる経路であるが、回路が1周していないと電流は流れない。これを回路が閉じていると言う。

電源から電流を供給される装置を**負荷**と呼び、電源と負荷の間は2本の導線で結ばれている。乾電池のように直流を供給するものを直流電源と呼ぶ。直流電源はプラスとマイナスが決まっているので、電流は直流電源のプラス極から負荷に向かって流れ、負荷から直流電源のマイナス極に戻ってくる。この**直流回路では導線の中を流れている電流の向きは常に同一**である。また、**電流の大きさも一定**である。このような電流を**直流電流**と言う。乾電池を逆向きにするように、直流電源のプラス・マイナスを入れ替えれば電流の向きは逆転する。電流の向きを符号で表すと、電源から負荷に向かう電流をプラス（+）の電流として、負荷から戻る電流をマイナス（−）の電流とする。したがって、2本の導線を流れている電流の合計はゼロとなる。

一方、**交流電流**とは**導線の中を流れる電流の向きが絶えず入れ替わる電流**である。図5.1(b) に示している交流電源とは、交流電流を負荷に供給する電源である。交流電源と負荷はやはり2本の導線で接続されている。直流の場合、導線を流れる電流の向きは常に同じなので、プラス側とマイナス側の導線というように呼ぶこともできる。しかし交流電源に接続された導線の中を流れる電流は交流電流であり、その方向は絶えず入れ替わっている。したがって交流電流が流れている場合、プラス側、マイナス側の導線という呼び方ができない。同様に、交流電源の出力端子もプラス端子、マイナス端子という呼び方はできない。

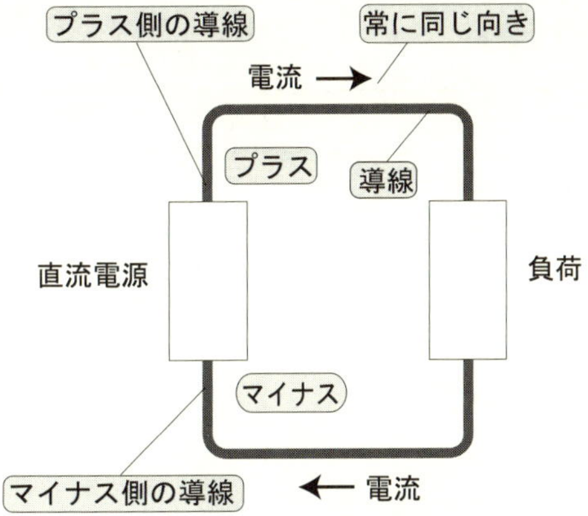

(a)　直流回路

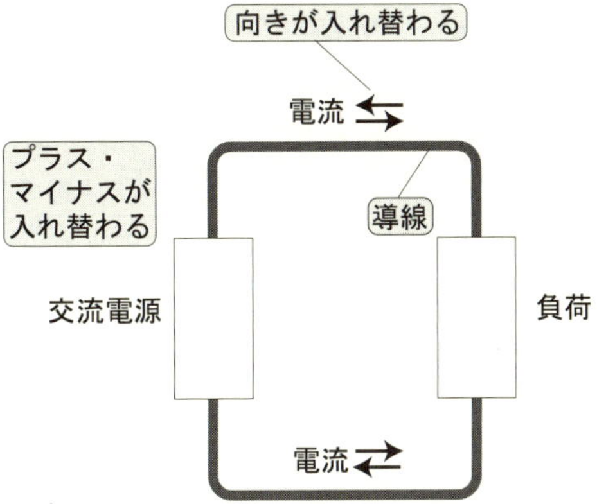

(b)　交流回路

図5.1　直流回路と交流回路

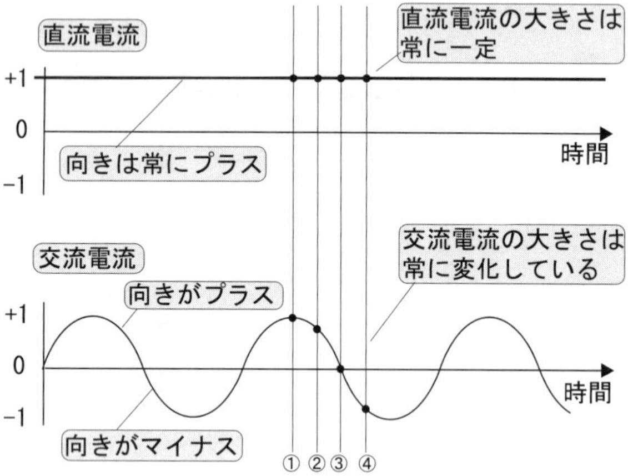

図5.2　交流電流の時間的な変化

交流電流とはいったいどんな電流なのだろうか？

我々が壁のコンセントにつないで使っているのは交流電流である。交流電流が時間的にどのように変化しているかの様子を示したのが図5.2である。交流電流は波を打っており、大きさが常に変化している。またプラス・マイナスも変化している。ある瞬間にはプラスになり、いったんゼロになってマイナスになる。マイナスになるということは**電流の向きが逆転した**ことを示している。図では交流電流の大きさは正弦波状に変化している。電流の向きが入れ替わるだけでなく、電流の大きさも常に変化している。交流電流は直流電流とはまったく様子が異なっているように見える。

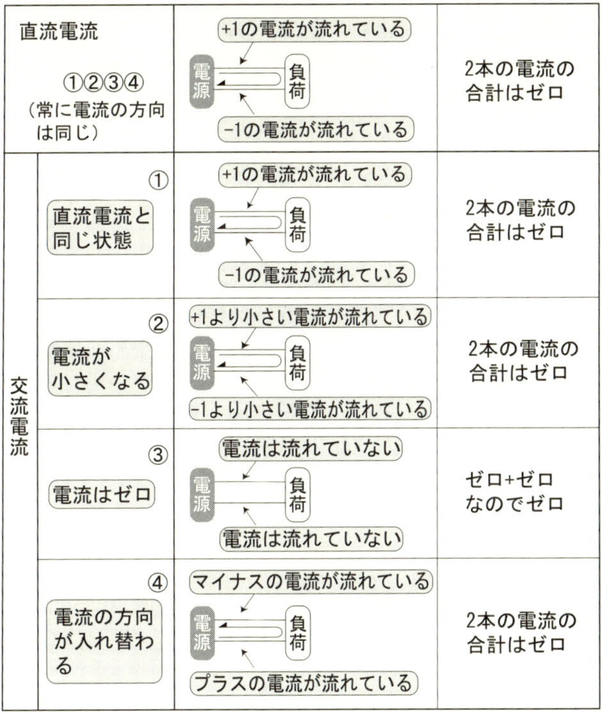
直流電流
①②③④
（常に電流の方向は同じ）
+1の電流が流れている
電源
負荷
−1の電流が流れている
2本の電流の合計はゼロ
交流電流
①
直流電流と同じ状態
+1の電流が流れている
電源
負荷
−1の電流が流れている
2本の電流の合計はゼロ
②
電流が小さくなる
+1より小さい電流が流れている
電源
負荷
−1より小さい電流が流れている
2本の電流の合計はゼロ
③
電流はゼロ
電流は流れていない
電源
負荷
電流は流れていない
ゼロ+ゼロなのでゼロ
④
電流の方向が入れ替わる
マイナスの電流が流れている
電源
負荷
プラスの電流が流れている
2本の電流の合計はゼロ

図5.3　交流電流の時間的な変化の分析

しかし、ある瞬間の電流を考えると、実は直流とそれほど違いがないことがわかる。図5.2を細かく見てみよう。直流電流は一定で大きさは常に+1である。交流電流の①で示した瞬間の電流はいくつだろうか。交流電流の値は+1である。これは直流電流と同じ値である。電源から負荷に向かう導線を流れる電流が+1の時、負荷から電源に戻る電流は－1である。したがって、2本の導線の電流の合計はゼロである。図5.3に示すように、この瞬間には電流は直流回路の電流とまったく同じ状態なのである。

ただし、次の②の瞬間には交流電流は＋1よりやや小さくなっている。その時には電源に戻るマイナスの電流もそれに対応して小さくなっている。この時も、2本の導線の電流の合計はゼロになる。③の瞬間には交流電流はゼロである。この時、2本の導線とも電流は流れていない。④の瞬間になると、電流の向きが入れ替わっている。電源の下側の導線に電流が流れ出している。こちらの導線の電流がプラスになっている。もう一方の上側の導線の電流がマイナスになる。この時にも、やはり2本の合計はゼロである。

このように常に電流の大きさが変化し、何回も向きが入れ替わるのが交流電流である。しかし、電源と負荷の間の電流の合計は常にゼロとなることを忘れてはいけない。

「交流電流は大きさ、向きが時間的に変化するが、プラス・マイナスの電流の合計はゼロである」

■5.2　周波数

我々の家庭のコンセントまで配電されているのは交流電流である。コンセントにつないで使っている交流電流も常に向きが入れ替わっている。この時、交流電流の向きの入れ替わりの回数を**周波数**と言う。周波数は記号をfで表し、単位は［Hz］（ヘルツ）である。周波数が1［Hz］と

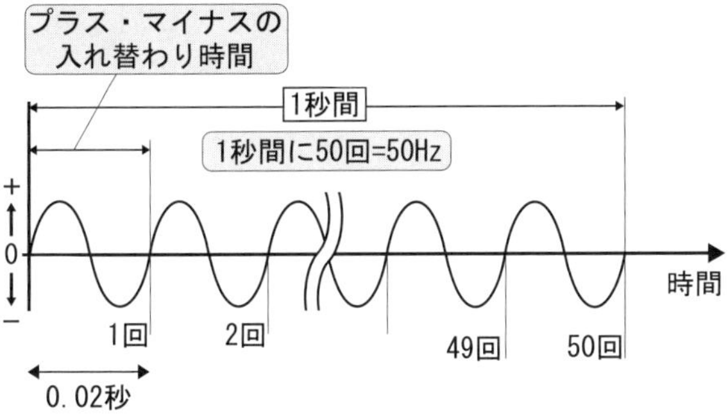

図5.4　周波数は1秒間にプラス・マイナスの表れる回数

は、毎秒１回のプラスとマイナスが出現することを表している。

したがって周波数が50Hzとは、毎秒50回電流の向きが入れ替わっていることを示している（図5.4）。つまり、0.01秒後には電流の向きが入れ替わっているのである。50Hzの周波数の交流は東日本で使われている。西日本で使われている60Hzの交流はそれより速く、毎秒60回入れ替わっていることを示している。

世界的に１つの国で２種類の周波数を使っているところは少ない。周波数の異なる交流電流は同じ回路に接続することができない、つまり交ぜて使うことができないのである。もちろん同じ周波数であれば、あちらの発電所の電気をこちらで使うということが簡単にできる。これはわが国の電気の導入の歴史からきている。明治時代に発電機を輸入した時、東京にはドイツ製の発電機が輸入された。この発電機は50Hzの発電機であった。ところが同じ頃、大阪に輸入された発電機は米国製の60Hzの発電機であった。当時は東京と大阪は別々の電灯会社（電力会社は当時は電灯会社と呼ばれた）が電気を供給しており、お互いを共通にするなどという発想はなかったのだろう。その後、何回か周波数を統一するという動きはあったが、実現しないまま現在に至っている。さまざまな問題もあるが、いずれの周波数でも使える電気製品を開発する必要があったことは、わが国の技術力を高めることにも役立ったと思う。

「交流の周波数とは電流の向きの入れ替わる回数である」

■5.3　実効値

交流電流は周波数に応じて電流の向きが入れ替わっているが、電流の向きだけではなく、電流の大きさも常に変化している。変化する交流電流のその時の大きさを**瞬時値**と呼ぶ。瞬時値は常に変化するので、たまたまその瞬間の電流の大きさを示しているのに過ぎない。したがって交流電流の瞬時値では、その電流がそもそも小さい電流なのか、たまたま小さい値を示しているのかがわからず、大小の比較ができない。そこで交流電流の大きさを示す数値が必要になる。交流電流の大きさは、直流電流と同じ働きをする電流の大きさとして数値で表すことにしている。

いま図5.5において、同じ値の抵抗に直流電流と交流電流を流したとする。この時、それぞれの抵抗で発生する熱が等しいなら、交流電流は直流電流と同じ働きをしたこと

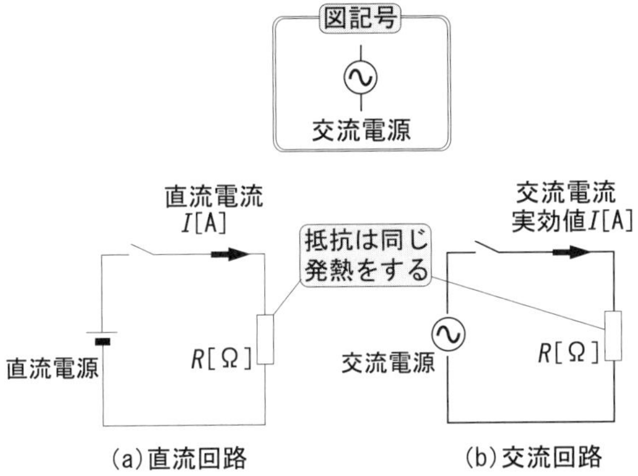

図5.5　直流電力と交流電力

になる。この時の直流電流の大きさ I[A] を交流電流の**実効値**と言う。実効値の単位も［A］で表す。発生する熱エネルギーが等しいということは、実効値の電流での消費電力が等しいということである。電流の実効値のほかに、電圧も瞬時値、実効値という表し方をする。電圧の実効値の単位も［V］である。

電流、電圧が正弦波の時、瞬時値は正弦波状にプラス・マイナスの最大値の間を常に変化している。実効値と瞬時値の最大値には一定の関係がある。図5.6に示すように、瞬時値の最大値は実効値の$\sqrt{2}$倍である。逆に言えば、実効値とは正弦波の最大値の$\frac{1}{\sqrt{2}}$倍、つまり0.707倍ということである。

交流電流、交流電圧は一般的に実効値で表示される。

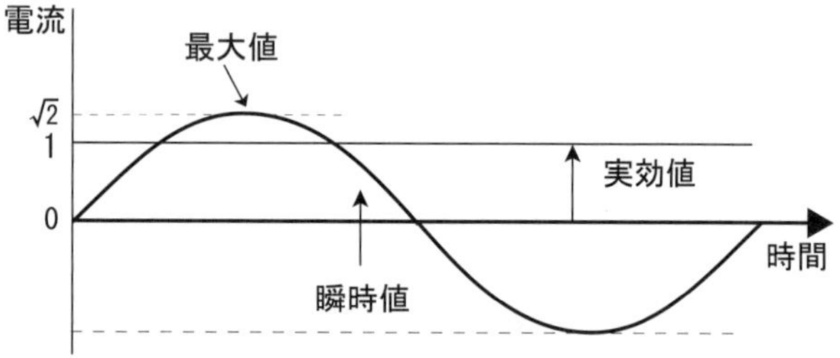

図5.6　実効値と瞬時値

我々が普段使っている100Vという交流電圧は、実効値が100Vという意味である。したがって、瞬時値の最大値は$\sqrt{2}\times 100=141$[V]ということになる。

「交流の実効値とは直流と同じ働きをする大きさの電流の大きさを示している」

実効値は周波数には無関係な量である。交流の周波数が変わっても正弦波の大きさ（振幅）が同じであれば、同一の実効値である。50Hzでも60Hzでも、実効値が同じ電流を同じ大きさの抵抗に流せば、同一の発熱が得られる。実効値で表した交流の電圧・電流は、同じ値の直流の電圧・電流と同じ働きをしているということは、直流のオームの法則がそのまま交流でも成立するということである。

$$\text{電圧の実効値}[\mathrm{V}]=\text{抵抗}[\Omega]\times\text{電流の実効値}[\mathrm{A}]$$

抵抗は交流電流の実効値に対しては、直流電流とまったく同じ関係で表されるのである。

第6章　インピーダンス

抵抗は電流を流れにくくする作用をする。また、抵抗に電流が流れると発熱する。抵抗の働きは直流電流でも交流電流でも同じである。では、コイルとコンデンサも抵抗のように直流電流にも交流電流にも同じ働きをするのであろうか？

コイルに電流が流れると電磁誘導が起きる。一方、コンデンサに電圧が加わると静電誘導が起きる。そのために、コイルとコンデンサに交流電流が流れると、直流電流が流れた時とは違った動きをするように見える。しかし、実は直流と同じ原理で生じる現象が起きている。ところが、交流電流は向きが常に入れ替わるので、まったく別のことが起きているように見えてしまうのである。コイル、コンデンサのほかに抵抗も合わせて、交流電流を流れにくくする働きをするものをインピーダンスと呼んでいる。

■6.1　コンデンサに交流電圧を加えると

まず、コンデンサの両端に交流電圧を加えた状態を考える。第3章で述べたように、コンデンサに直流電圧を加えると、静電誘導により電極に電荷が誘導される。交流電圧は、ある瞬間は直流と同じ状態と考えることができる。したがって交流電圧を加えても、コンデンサの内部の誘電体に電荷が誘導される。しかしこの静電誘導は瞬時に起きるわけではないので、電荷が誘電体内部を移動する時間が必要である。その間だけ電流が流れる。

いま、交流電圧の正弦波の最大値がコンデンサに加わっている瞬間を考えてみよう。この時、静電誘導が完了しているとする。つまり、この瞬間にはコンデンサには電流が流れていない。次の瞬間には交流電圧は減少し始める。

外部から加わっている電圧が下がろうとする時、コンデンサは自分の電圧を下げないように内部に蓄積されている電荷を放出する。コンデンサからプラスの電荷が放出されることによりコンデンサがプラスの電源のように働き、コンデンサから電流が流れ始めるのである。しかし、電荷の放出も瞬時に行われるわけではなく、ある時間をかけて行われる。電荷の放出が遅れるため、電圧と電流の間には抵抗があるように見える。交流電源の電圧がゼロになっても、コンデンサ内部には電荷がまだ残っている。

交流電圧がゼロからマイナスになると、コンデンサ内部の電荷がキャンセルされて消失してしまう。これ以降、コンデンサは逆極性のマイナスの電荷を蓄積し始める。つまり、これまでと逆方向に電流が流れるのである。コンデンサは外部から加えられた交流電圧のプラス・マイナスによって、電荷を蓄積・放出する。それによってコンデンサに

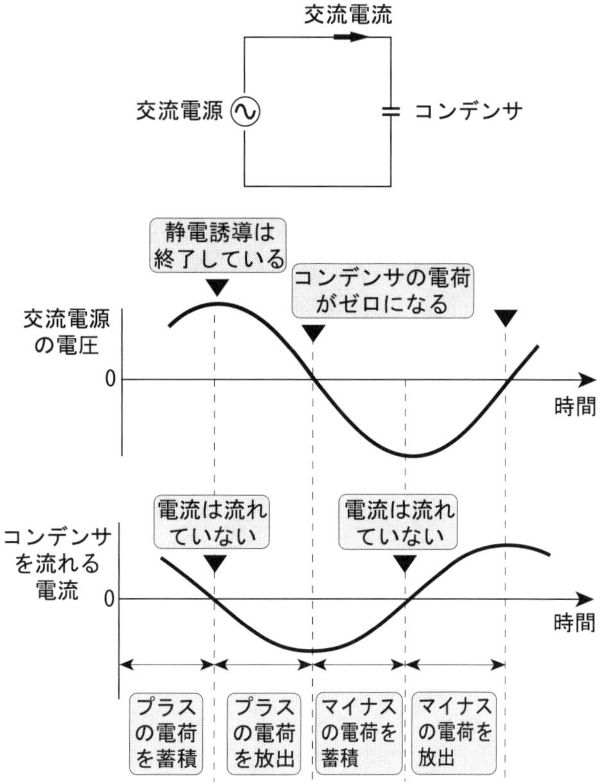

図6.1　コンデンサを流れる交流電流

はプラス・マイナスの交流電流が流れる。しかも、静電誘導には遅れがあるので、電流の変化は電圧の変化とは時間的にずれている（図6.1）。

「コンデンサには交流電流が常に流れる」

直流ではコンデンサに電荷が蓄積される間だけ電流が流れたが、**交流ではコンデンサに電流が常に流れる**。これは交流特有の現象である。

交流には電流の向きの入れ替わりを示す周波数がある。コンデンサに加えられる交流電圧の周波数が高い時を考えよう。周波数が高いということは、交流電圧のプラス・マイナスの切り替えが短時間で行われるということである。プラス・マイナスの切り替えが非常に短時間に行われると、それまでにコンデンサ内部の電荷の誘導が終わらない。電荷がゼロにならずに残っているうちに、逆方向の静電誘導が生じる。そのため周波数が高くなるとコンデンサには電流が流れやすくなる。つまり、交流電圧の周波数が高くなると、電流が大きくなる。コンデンサの電流の流れにくさ（見かけ上の抵抗）は周波数が増加すると小さくなる。このような交流電流に対するコンデンサの見かけ上の抵抗を、**コンデンサのリアクタンス** X_C と呼んでいる。リアクタンスの単位は抵抗と同じ［Ω］である。ただし、コンデンサのリアクタンスは交流の周波数によって変化する。コンデンサのリアクタンスは周波数に反比例している。

$$(\text{コンデンサのリアクタンス［Ω］}) \propto \frac{1}{(\text{周波数［Hz］})}$$

リアクタンスの単位は［Ω］なので、リアクタンスと電圧・電流の実効値との関係はオームの法則で表すことができる。

電圧の実効値[V]＝リアクタンス[Ω]×電流の実効値[A]

「コンデンサは周波数が高い交流電流を流しやすい」

■6.2　コイルに交流電圧を加えると

同じように、コイルの両端に交流電圧を加えた状態を考えよう。第3章で述べたように、コイルに直流電圧を加えると電磁誘導により誘導起電力が生じる。交流はある瞬間は直流と同じ状態と考えることができるので、交流電流でも誘導起電力が生じる。コイルに流れる電流は誘導起電力に邪魔されて、電圧の増加よりもゆっくり増加する。電流がゆっくり増加する間にコイルにエネルギーを蓄積している。

いま、コイルに交流電圧を加えた状態を考える。コンデンサの時と同様に、交流電圧の正弦波の最大値の瞬間を考えてみよう。この時、コイルには電磁誘導によって電源電圧と同じ大きさで逆方向の誘導起電力が生じている。つまり、電源電圧と誘導起電力が等しいので、この瞬間にはコイルに電流は流れていない。次の瞬間には電源の交流電圧は減少し始める。電圧が下がると電磁誘導によるコイルの誘導起電力も低下するので、コイルにプラス方向の電流が流れ始める。この時も電圧と電流の間には抵抗があるように見える。交流電圧がゼロになった時には電流が最大になり、この瞬間、コイルに蓄えられているエネルギーは最大値となる。

交流電圧がゼロからマイナスになると、誘導起電力はマイナスになり、これ以降、コイルはエネルギーを放出し始める。つまり、逆方向に電流が流れるのである。コイルには外部から加えられた交流電圧の大きさに応じて、エネルギーを蓄積・放出することによりプラス・マイナスの交流電流が流れる。コイルの誘導起電力のために電流の変化が抑えられるので、電流の変化は電圧の変化と時間的にずれている。

コイルには直流電流が流れた時と同様にエネルギーが蓄積されるが、電流の方向の切り替わりに応じてエネルギーの蓄積・放出を繰り返している（図6.2）。

コイルに加えられる交流電圧の周波数が高い時を考える。周波数が高いということは、交流電圧の変化が短時間で行われるということである。したがって、プラス・マイナスの切り替わりが短時間に行われるようになるので、誘導起電力が大きくなる。そのため、周波数が高くなるとコイルには電流が流れにくくなる。つまり、交流電圧の周波数が高くなると電流が小さくなる。コイルの見かけ上の抵抗は、周波数が高くなると大きくなる。このような交流電流に対するコイルの見かけ上の抵抗を、**コイルのリアクタンス** X_L と呼んでいる。コイルのリアクタンスの単位は抵抗と同じ［Ω］である。ただし、コイルのリアクタンスは交流の周波数によって変化する。コイルのリアクタンスは周波数に比例する。

（コイルのリアクタンス［Ω］）∝（周波数［Hz］）

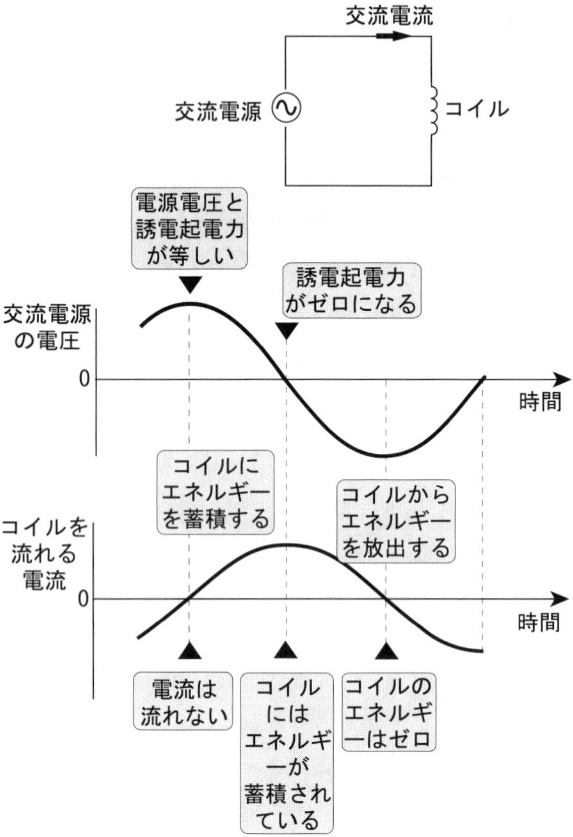

図6.2　コイルを流れる電流

コイルのリアクタンスの単位は［Ω］なので、コンデンサのリアクタンスと同様に電圧と電流の実効値の関係をオームの法則で表すことができる。

電圧の実効値[V]＝リアクタンス[Ω]×電流の実効値[A]

「コイルは周波数が高い交流電流を流しにくい」

■6.3　インピーダンス

抵抗は直流でも交流でも同じような働きをする。電流を流れにくくし、電流が流れると発熱する。しかし、コイルとコンデンサは交流では直流とは異なる動きをする。直流ではコイルとコンデンサは、スイッチをオンにして電流や電圧が変化した時だけに作用していた。しかし、交流電流は常に大きさが変化している。そのため、交流ではコイルやコンデンサは常に作用している。交流電流に対して、コイルやコンデンサはリアクタンスとして常に電流を流れにくくするのである。交流ではコイルもコンデンサも抵抗のように電流の流れを妨げる働きをする回路部品である。

リアクタンスで表すと、コイルもコンデンサも抵抗と同じ単位の［Ω］で表せる。これらを使って交流回路をオームの法則で表すことを考えよう。コイルとコンデンサそれぞれのリアクタンスでは、オームの法則が成立することはすでに述べた。ではそれらが組み合わさっている時は、どのようにすればいいのだろうか。その時にはインピーダンスというものを用いる。インピーダンスとは、交流の電圧と電流の関係を示す量である。

複数の抵抗R_1、R_2、R_3やリアクタンスX_1、X_2、X_3が図6.3に示すように直列に接続されている時、それぞれの値は合成できる。直列接続の場合、合成抵抗Rや合成リア

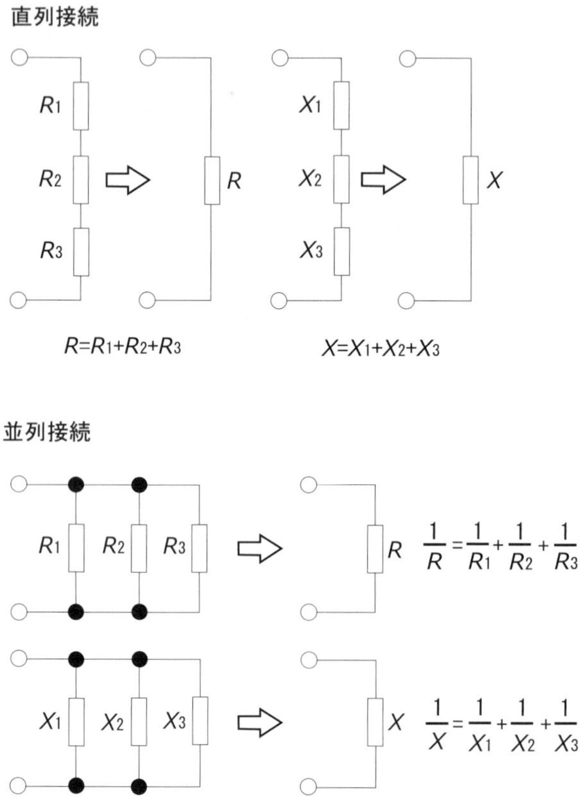

図6.3　抵抗、リアクタンスの直列接続と並列接続

クタンス X の大きさは単純に足し算である。また並列に接続された場合にも1つの値として表すことができる。並列接続の場合、合成抵抗は逆数どうしの関係になる。実はこれは第1章で述べた、物体の長さと断面積で抵抗値が決

まることと同じことを示している。ただし、これは抵抗どうし、コイルどうし、コンデンサどうしの同じものの合成の場合である。抵抗、コイルのリアクタンスX_{L}とコンデンサのリアクタンスX_{C}は単位が同じ［Ω］であっても合成することはできない。つまり抵抗、コンデンサ、コイルが同じ回路に混在している時は、回路全体のリアクタンスは単純には合成することができないのである。実はこれが交流の最も難しいところである。

抵抗、コイル、コンデンサは電流を流しにくくする性質があると何度も述べたが、交流のこのような性質を**インピーダンス**という量で表す。インピーダンスの記号はZであり、単位は［Ω］である。しかし、インピーダンスは単純な数値ではなく、**複素数**（実部＋虚部）である。複素数は、その大きさ（絶対値：$\sqrt{(\text{実部})^2+(\text{虚部})^2}$）を１つの数値で表すことができる。これをインピーダンスの大きさと言う。

それでは、インピーダンスの合成について説明してゆこう。合成インピーダンスの大きさを図6.4に示す。抵抗とコイルが直列接続されている時、それぞれのインピーダンスはR［Ω］とX_{L}［Ω］である。この時の合成インピーダンスの大きさをZとすると、合成インピーダンスZの大きさはRとX_{L}をそれぞれ２乗して足したものの平方根である。また抵抗とコンデンサが直列接続されている時の合成インピーダンスの大きさは、Rの２乗とX_{C}の２乗を足したものの平方根である。抵抗、コンデンサ、コイルの３つが直列接続されると、Rの２乗と、X_{L}からX_{C}を引い

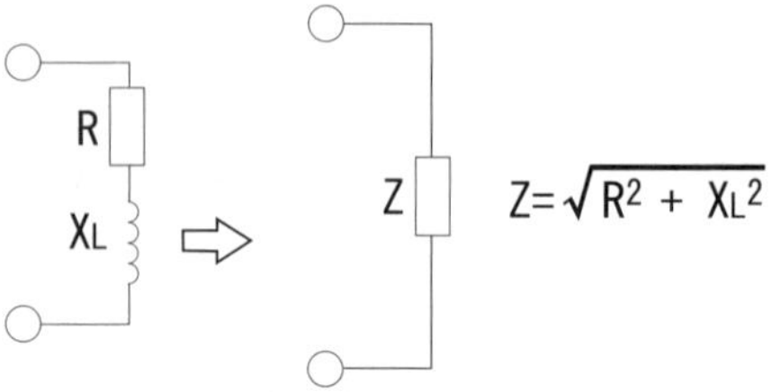

(a)抵抗とコイル

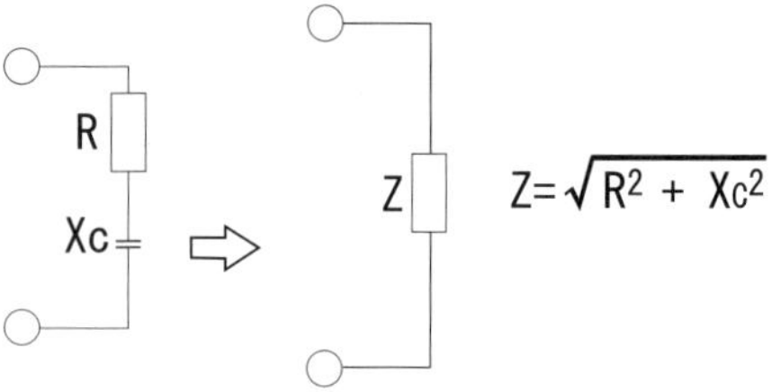

(b)抵抗とコンデンサ

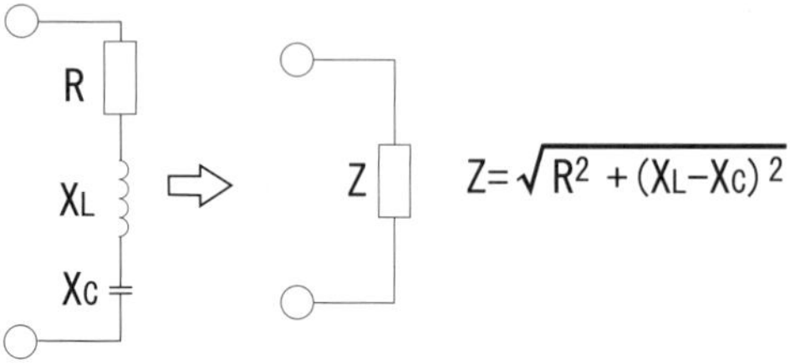

(c)抵抗とコイルとコンデンサ

図6.4　合成インピーダンスの大きさ

たものの２乗を足したものの平方根となる。

　このように求めたインピーダンスの大きさを使えば、コイルやコンデンサが組み合わされた複雑な回路でも、電圧と電流の実効値との関係をオームの法則により表すことができる。

電圧の実効値[V]
＝合成インピーダンスの大きさ[Ω]×電流の実効値[A]

　インピーダンスが大きいとは、交流電流を流しにくいことを示しているのである。

「インピーダンスを使えば交流でもオームの法則が成り立つ」

第7章　力率とはなんだろう

交流でよく聞く言葉に「力率」がある。力率は交流の時だけに使われる言葉である。直流の場合、直流電流の大きさと直流電圧の大きさを掛け算すれば直流電力が求まる。しかし、交流電圧と交流電流を単純に掛け算しても交流電力とはならない。交流で電圧と電流の関係を表しているのが力率である。

直流電流と直流電圧の関係は、抵抗を使ってオームの法則で表すことができた。同じように交流電流と交流電圧の関係も、実効値とインピーダンスを使えばオームの法則で考えることができる。しかし、インピーダンスにより力率というものが生じてくる。力率を考慮しないと交流電力は求まらないのである。ここでは力率とは何かを説明し、力率と交流電力の関係を説明する。

■7.1　電流の進み、遅れ

抵抗を交流電源に接続した図7.1(a) の回路を考えよう。正弦波の交流電圧を抵抗に加えると、流れる電流は電圧と

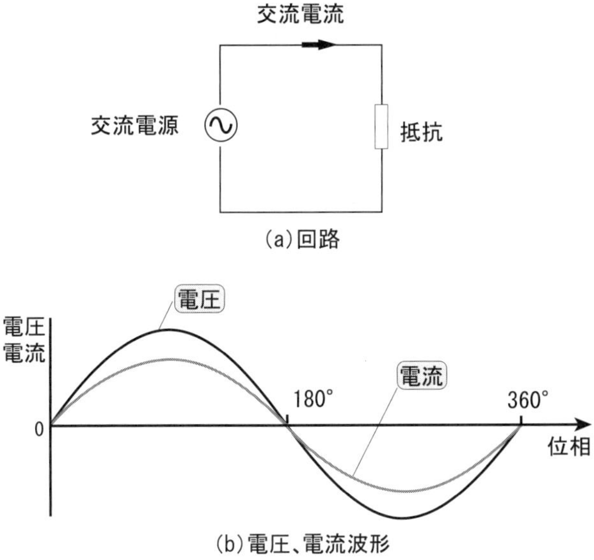

図7.1　抵抗に交流電圧を加えた時の電流波形

は振幅が異なる正弦波である。この時、すべての瞬間でオームの法則が成り立っている。また、実効値でもオームの法則が成り立つ。

電圧の実効値［V］＝抵抗［Ω］×電流の実効値［A］

抵抗は交流回路でも直流回路と同じように、電圧と電流の比例定数を示している。なお、電流や電圧の波形を示した図7.1(b) は横軸の目盛りに角度が入っている。この図では交流が時間的に変化することを角度で表している。

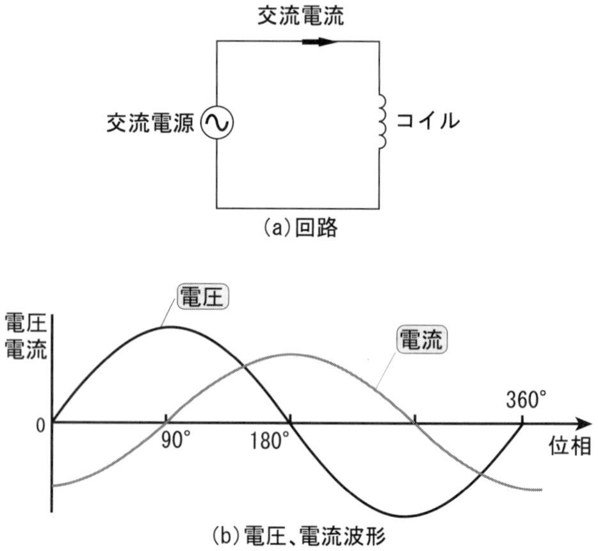

図7.2　コイルに交流電圧を加えた時の電流波形

交流の周波数が異なる場合、横軸を時間で表すと正弦波の周期が周波数によって時刻が変化してしまう。しかし、周波数が違っても同じ正弦波であることを考えれば、時間ではなく角度を使っても交流の1周期を同じ波形で表すことができる。そのために、交流の正弦波の位置を角度により表すことが多い。この時の角度を**位相**と呼ぶ。位相イコール角度だと思ってもらってよい。位相の単位には［°］、［rad］のいずれも用いられる。

次にコイルを交流電源に接続した図7.2(a)の回路を考

えよう。この回路ではコイルを流れる電流はコイルに加えられた電圧と位相が異なっている。電圧の最大値である90°の位相では電流はゼロになっている。また、電圧がゼロになる位相180°で電流は最大値である。図7.2(b)は左から右に時間が経過してゆくことを示している。このことから、電流は電圧よりも位相が90°遅れていると言う。

コイルには自己インダクタンスにより誘導起電力が生じるため、電流が流れにくくなることはすでに述べた。つまりコイルには電流の変化を抑える働きがあるので、電圧がかかっても電流がゆっくり立ち上がると考えてもよい。コイルに生じる誘導起電力はコイルに加えられた電圧とまったく同じ位相で生じる。そのため、誘導起電力に邪魔されて、すぐには電流が流れない。誘導起電力が最大値を超えて、右下がりに低下し始めるとプラスの電流が流れる。

このことは、コイルの電圧はコイルを流れる電流の変化（傾き）を表していると言える。あるいは、電圧をサイン波（正弦波）と考えると電流はコサイン波（余弦波）になっているとも言える。コサイン波は90°だけ位相をずらせばサイン波になる。さらに詳しく言えば、電流波形（コサイン波）を時間で微分すると、電圧波形（サイン波）になることを表している。微分とは変化を求めることである。時間で微分するということは、傾き、すなわち時間的な変化率を求めることにほかならない。実はコイルの働きは微分で表されるのである。

「コイルを流れる電流は電圧よりも位相が90°遅れている」

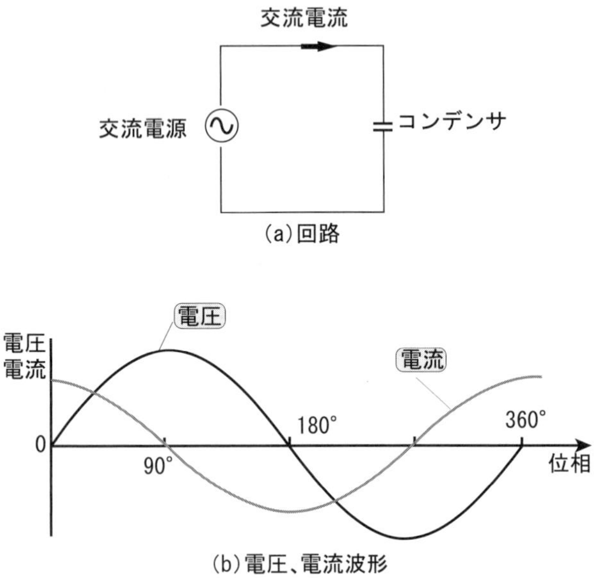

図7.3　コンデンサに交流電圧を加えた時の電流波形

では、図7.3に示すように、コンデンサに交流電圧を加えた時の電流波形はどうなるであろうか。コンデンサは電圧が加わると電荷が蓄積され、電荷を放出する時に電流が流れ出す。つまり、プラスの電圧がかかれば電荷を蓄積する電流が流れ、コンデンサの電圧は増加する。コンデンサの電圧が最大になった時に電流がゼロとなる。電流がマイナスになるとコンデンサの電圧は低下し始める。電流が最大値になった後に、電圧の最大値が出現するのである。

電圧を基準に考えると、電流の位相は電圧より進んでいると言える。コンデンサの電流は電圧よりも位相が90°進んでいる。コンデンサの場合も、電圧波形と電流波形の位相差はサイン波・コサイン波の関係で表すことができる。電流が進んでいるということは、電圧は電流を積算していると考えることができる。電圧をサイン波とすると、その積算はコサイン波になる。積算されたコサイン波は電流を表している。実はコンデンサの電圧は電流の積算、すなわち積分となるのである。

「コンデンサを流れる電流は電圧よりも位相が90°進んでいる」

抵抗の場合、交流電圧を加えても電圧と電流は同じ位相であるが、コイルに交流電圧を加えると電流の位相が遅れてしまう。一方、コンデンサに交流電圧を加えると電流の位相が進んでしまう。位相が進むというのは、未来の現象が先に起こってしまうように思える。ここが交流の不思議なところである。しかし、これまでに行ってきた説明は、交流が以前からずっと流れており、連続していると考えている。そのため、電流が先行して流れてしまうような現象が起きるのである。実はスイッチを入れて、すべてゼロから出発する時には単純な進み位相や遅れ位相の交流電流とはならず、複雑な電流が流れてしまう。

なお、位相というお互いの関係は、周波数が同じ交流の時に用いられる。周波数が異なる交流の場合、位相の関係という概念はない。位相が進む、遅れるというのは同じ速さで走っている２台の自動車の位置関係のようなものだと

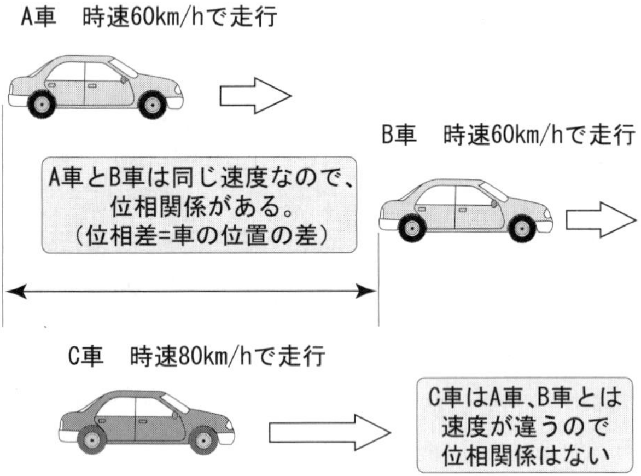
A車　時速60km/hで走行
B車　時速60km/hで走行
A車とB車は同じ速度なので、
位相関係がある。
（位相差=車の位置の差）
C車　時速80km/hで走行
C車はA車、B車とは
速度が違うので
位相関係はない

図7.4　位相関係とは

思ってほしい。2台の車に速度差がない場合が、交流の周波数が同じであることに相当する。同じ速度で走っている車が先行していることを、「位相が進んでいる」と言うのである。その時の車の位置関係の距離が「**位相差**」だと思ってほしい（図7.4）。

■7.2　力率と電力量

直流の場合、電圧の大きさ［V］と電流の大きさ［A］を掛けたものが電力［W］であった。また直流電流と同じ働きをする交流電流の大きさが実効値であった。しかし、交流電圧の実効値と交流電流の実効値を掛け算しても交流の電力とはならない。なぜならコンデンサやコイルに交流

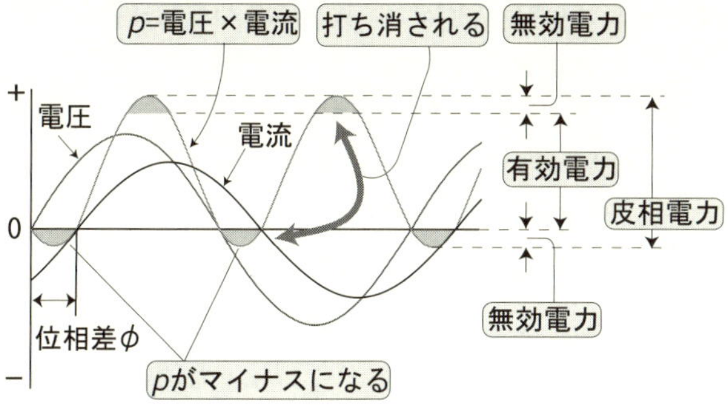

図7.5　位相差と電力

電流を流すと位相差が生じるからである。このことが交流の電力というものをわかりにくくしている。

図7.5に示すように、交流電圧と交流電流に位相差がある場合を考える。図では位相差をϕ（ファイ）としている。この時、交流電圧と交流電流の瞬時の大きさを直接掛け算したものを、図ではpの曲線で示している。図を見ると電圧がプラスで、電流がマイナスの区間ではpはマイナスになっている。つまり電圧と電流に位相差があると、電圧と電流を掛け算したのではマイナスの電力が生じてしまう期間があることになる。この部分はマイナスの電力なので差し引かれることになる。この差し引きを行った結果が交流の実効的な電力であり、**有効電力**と呼ばれる。電力料金や電力量の計算などはすべて有効電力に基づいて行われている。各家庭に設置されている電力量計（電気のメーター）も、すべて有効電力を検出して計量している。マイナ

スの電力として差し引かれる電力は**無効電力**と呼ばれる。無効電力と有効電力を足しあわせたものを**皮相電力**と言う。電圧と電流の実効値を掛け算して求まるのは皮相電力である。なお、図で示した p は瞬時電力と呼ばれる。

図をよく見てみると、電圧と電流の位相差がある区間が無効電力を作り出している。位相差が小さければ、無効電力が小さくなり、皮相電力と有効電力が近づくことは容易に予想できる。位相差がなければ電圧・電流とも同じ符号になるので、その積は必ずプラスになることからも理解できる。この関係を**力率**というもので表している。

（有効電力）＝（力率）×（電圧の実効値）×（電流の実効値）

力率を使えば、例えば、力率が0.9であれば電圧・電流の値から有効電力を求めることができる。

力率は英語ではパワーファクターと言う。直訳すると「電力の比率」である。力率とは電力の利用率という意味で理解すればよい。実際には無効電力の分の電流も流れている。これを無効電流、電流の無効分と言う。力率とは実用上は電流の利用率と考えたほうがわかりやすいかもしれない。

力率は位相差の角度 ϕ で表すと cos ϕ として求めることができる。これにより力率と位相差の関係を計算することもできる。そこで力率を cos ϕ（コスファイ）と呼ぶこともある。なお、有効電力の単位は［W］であるが、皮相電力の単位は［VA］（ボルトアンペア、またはブイエー）、無効電力の単位は［VAR］（バール）で表される。

有効電力は電気料金の計算に使われる電力である。一方、皮相電力は電力会社が供給しなくてはならない電力である。電力会社としては使われている電力の力率が低いと、いくら発電しても有効電力で計算される電気料金が入ってこなくなる。しかし、電気の利用者がコイルやコンデンサをたくさん使えば位相差が大きくなってしまい、力率が低くなる。

そのため、電力を使う時には力率が0.85以上になるように取り決められている。市販されている電気製品はすべて力率が0.85以上になるように設計されている。また工場などの大口の電気消費者は電力会社との接続点で力率が0.85以上になるように調整している。

では無効電力をゼロにすればいいのかというと、そうではない。無効電力にも大切な役割がある。ある程度の無効電力がないと送電系統の周波数や電圧が不安定になってしまうのである。そのため、状況に応じて、送電網の無効電力量を調整している。無効電力を調整する装置はSTATCOM（Static VAR Compensator）と呼ばれている。

■7.3　消費電力と電流

交流電流を使う場合、家庭では100V の電圧が中心となるので、電力（ワット数）と電流の関係がわかりやすい。家庭内ではヒーターや白熱電球のように抵抗と考えてよい機器が多いので、電流の合計は単純な足し算で行うことができる。50W の照明器具を４台使った場合、それぞれが0.5［A］であり、それが４台なので、合計は2［A］である。

これに400Wのトースターを使えば総計6[A]の電流が流れていることになる。いま、負荷はすべて抵抗と考えているので、力率は考慮しなくてよく、電力は電圧と電流の積で求まる。6[A]×100[V]なので600Wである。

電力［W］はその瞬間に使用している大きさを示している。電気エネルギーは前述のように電力×時間で表される電力量である。いまこの600Wの状態が2時間続いたとする。すると電力量は 600×2 で1200Whである。電気料金の計算はkWh（キロワット時）で行うので、換算すると1.2kWhである。電気料金の単価は電力会社から送られてくる検針の帳票に書いてある。これを使えば、各機器を何時間使ったら電気代がいくらになるかの計算ができる。例えば1kWhあたり22円の契約だったとすると、800Wの電熱器を1時間使えば 0.8[kW]×1[h]×22[円] なので17.6円の電気代になる。

電流を流し過ぎると、ジュール熱が大きくなって導線や機器が過熱したり、ひどい場合には焼ききれてショートしたりする。そこで、電気の安全のために各種のブレーカー（遮断器）が使われている。ブレーカーとはあらかじめ設定された異常な状態になった時に、電流を遮断する装置である。ブレーカーには過大な電流が流れた時に電流を遮断する安全ブレーカーのほかに、漏電した時に電流を遮断する漏電ブレーカーもある。かつては過大な電流が流れると溶断するフューズがよく使われていた。フューズは溶断したら再利用できないので新品と交換する必要がある。現在使われているブレーカーはノーフューズブレーカー

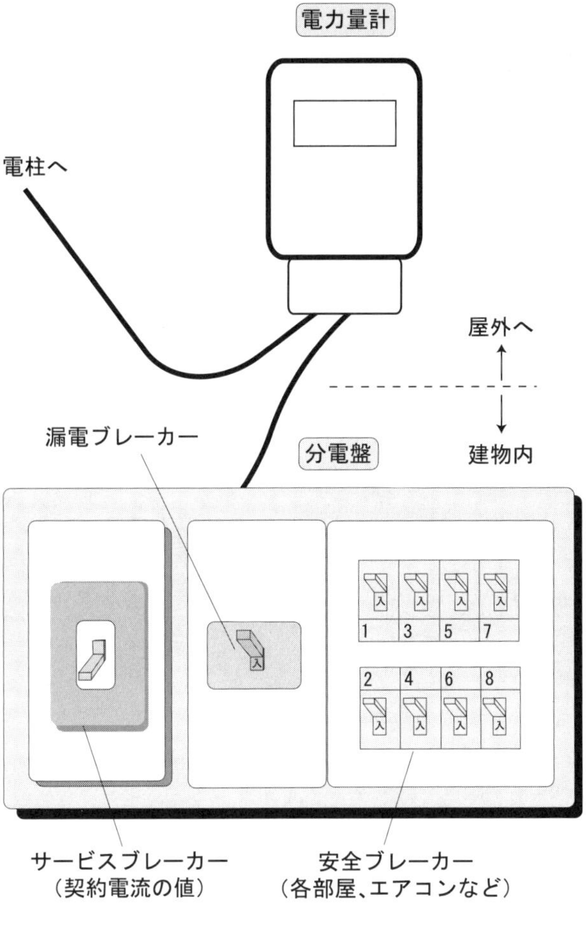
電力量計
電柱へ
屋外へ
建物内
漏電ブレーカー
分電盤
入
1
3
5
7
2
4
6
8
サービスブレーカー
（契約電流の値）
安全ブレーカー
（各部屋、エアコンなど）

図7.6　分電盤

(NFB) と呼ばれ、異常状態が回復したらスイッチを入れて再使用することができる。

電柱から各家庭への引込線は、まず屋外の電力量計に接続される。電力量計からの配線は屋内に入り、分電盤に接続される。各家庭に設置されている分電盤の内部を図7.6に示す。サービスブレーカーは電力会社との契約電流を超えると遮断するブレーカーである。分電盤を通過するすべての電流の合計で動作する。これが動作した時には契約よりも電気を多く使い過ぎているということである。サービスブレーカーはアンペアブレーカーとも呼ばれ、契約電力を保つために使われている。

一方、右側に多数取り付けられているブレーカーは安全ブレーカーと呼ばれる。各部屋やエアコンなどへ専用配線されている機器にそれぞれ対応して、安全ブレーカーが取り付けられている。サービスブレーカーと同じように電流値を設定して、その電流を超えたら遮断するような働きを持っている。安全ブレーカーはそのブレーカーが電流を供給している機器の故障や電流の使い過ぎなどを検出して動作する。そのため、動作が速く、精度が高い。安全ブレーカーは感電や各部の損傷を防止するために用いられている。

中央部にある漏電ブレーカーは漏電が発生した時に動作する。漏電とは電流が回路以外のところに流れることである。建物に電流が流れれば、最終的に大地(アース)に電流が流れ、戻ってくるはずの電流が戻ってこなくなる。電流はプラス・マイナス同じ値のはずであるので、漏電ブレ

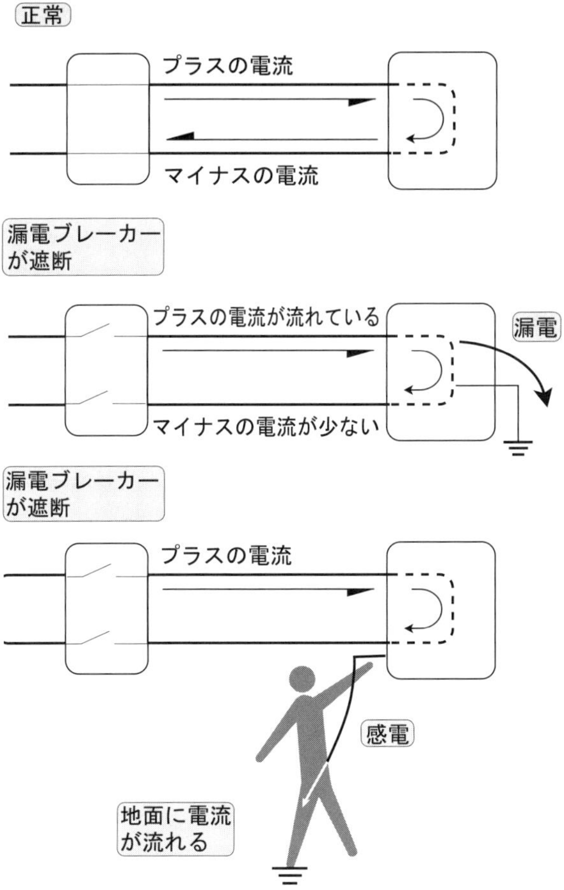
正常
プラスの電流
マイナスの電流
漏電ブレーカー
が遮断
プラスの電流が流れている
漏電
マイナスの電流が少ない
漏電ブレーカー
が遮断
プラスの電流
感電
地面に電流
が流れる

図7.7　漏電

ーカーはプラス電流とマイナス電流の差がある大きさを超えると、どこかで電流が漏れていると判断する。人体が感電した時も漏電状態になる（図7.7）。漏電は火災の恐れがあるので、かなり高感度で検出するようになっている。このようにブレーカーは電気を安全安心に使うために必要なものである。

第8章　いろいろな交流

交流の最も大きな特徴は、電圧の変更が容易にできることである。電圧の変更は変圧器につなぐだけで可能である。そのため、発電所で作られた交流は変圧器によって様々な電圧に変更されて使われている。交流には電圧の種類だけではなく、方式もいろいろある。代表的な方式として、工場などで使われる三相交流方式がある。ここでは、まず変圧器の原理について述べ、変圧器のお陰で私たちの周りには様々な電圧の交流が使われていることを示す。さらに三相交流方式のほか、様々な方式の交流について説明してゆく。

■8.1　変圧器

19世紀の終わりに米国で交流直流論争があったことは、本書の冒頭で述べた。新しい発電所の建設に際し、直流を主張するエジソンと交流を主張するウエスチングハウスが互いの優劣を論争した。結果は交流が採用されることになり、これを契機にエジソンは電力事業から撤退したと言われている。

その時、交流を採用した大きな理由は、交流なら高電圧で送電ができるためである。長距離を送電すると送電線が長くなり、送電線の抵抗が無視できなくなってしまう。送電線の抵抗によりジュール熱が発生して、それが送電ロスになる。さらに、送電線の抵抗により電圧が下がってしまう。この当時はすでに変圧器が発明されており、変圧器によって電圧を変更できるので交流が採用された。

電力は（電圧）×（電流）なので、同じ電力を高電圧で送電すれば電流が小さくなる。電流が小さいとジュール熱が小さくなるので、送電ロスが少なくなる。送電された高電圧の交流を使用するには、変圧器で適当な電圧まで下げればよい。したがって長距離送電には交流が有利である。また送電線の抵抗によって電圧が低下してしまっても、変圧器によって電圧を元に戻すことができる。このように長距離送電できるという点が交流直流論争の分かれ目となったのである。その時キーとなったのが変圧器の存在である。

変圧器は交流電流を流して、相互誘導作用を利用して電圧を変換する機器である。変圧器（トランス）の原理を図8.1に示す。変圧器には磁束を通すためにロの字形をした鉄心という鉄の部品を用いる。変圧器の鉄心には特に磁束を通しやすい（透磁率の高い）特殊な鉄を使用している。このような鉄心に２つのコイルを巻く。そのうちの交流電源を接続したコイルを**１次コイル**と呼び、１次コイルに電流を流す。すると、相互誘導作用で他方のコイルに誘導起電力が生じる。こちらを**２次コイル**と呼ぶ。交流電流を流

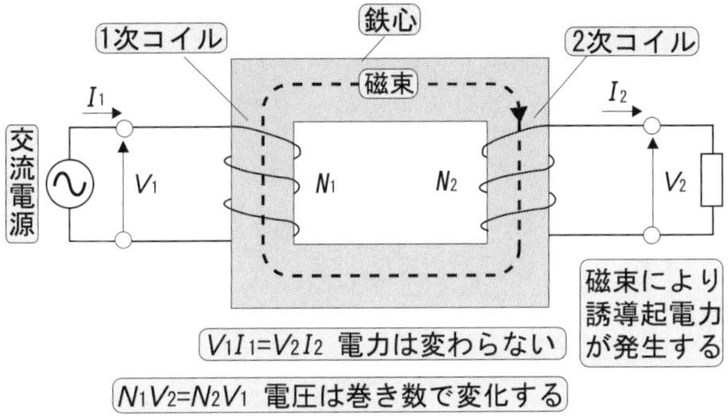

図8.1　変圧器の原理

しているので常に電流は変化しており、それに応じて誘導起電力も常に発生する。この時、鉄心内に生じる磁束の大きさは1次コイルの巻数に比例する。一方、その磁束により2次コイルに生じる誘導起電力の大きさは、2次コイルの巻数に比例する。図のように1次コイルの巻数がN_1、2次コイルの巻数がN_2の時、巻数と電圧の関係は次のようになる。

$$\frac{V_1}{V_2}=\frac{N_1}{N_2}$$

つまり、巻数の比率により電圧が変更できるのである。この時$\frac{N_1}{N_2}$を**巻数比**と言い、変圧器の電圧変換性能を示している。例えば1次コイルの巻数を10、2次コイルの巻き数を100とすれば、巻数比は0.1となり、1次コイルに加える電圧の10倍の交流電圧が得られる。つまり、巻数比を調整すれば望みの交流電圧を得ることができる。このように変圧器につなぐだけで、交流電圧は異なる電圧に簡単に変更できるのである。

いま、変圧器の２次コイルに流れている電流をI_2とする。この時、１次コイルの電力（電圧×電流）は２次コイルの電力（電圧×電流）と等しい。式で書くと次のようになる。

$$V_1 I_1 = V_2 I_2$$

変圧器を通っても電力に変化はなく、等しい。

また、このことは例えば変圧器で２次コイルの電圧が10倍になった時には、電流は$\frac{1}{10}$になるということを示している。電圧を高くすれば同じ電力でも電流が小さくなる。電流が$\frac{1}{10}$になるということは、ジュール熱は電流の２乗に比例するので、発生する損失が$\frac{1}{100}$になるということである。そのため、高電圧で送電すればするほど送電損失が低下するのである。しかも、電流が小さくなるので送電線も細いものを使うことができる。

変圧器を使うことにより送電、配電は交流で行われることになった。そのため今でも私たちが日常で使うコンセントには交流電流が供給されているのである。

■8.2　様々な電圧

交流は変圧器を使えば電圧が容易に変更できる。そのため、様々な電圧の交流が使われている。では、交流でどんな電圧が使われているかを説明してゆこう。

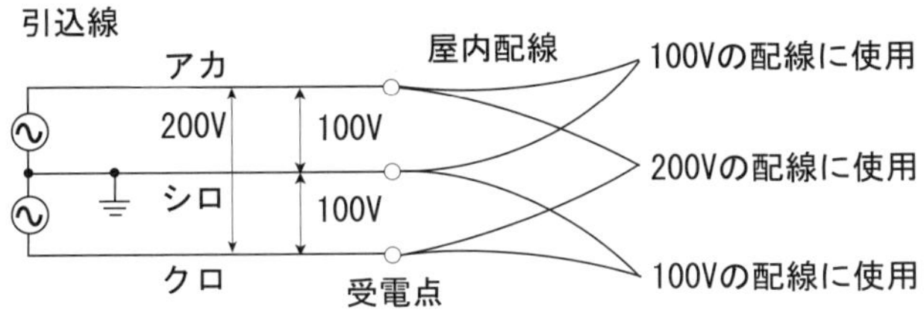

図8.2　単相三線式交流

我々の家庭のコンセントに供給されている交流は、実効値が100Vである。そのため、ほとんどの電気製品は100Vで使われるように設計されている。「家庭の交流イコール100V」と考えがちである。ところが、IHクッキングヒーターやエアコンなどでは200Vを使うものがある。このような200Vの機器を新たに購入しても、簡単な工事ですぐに使えるようになっている。これらの機器には200Vの専用コンセントを増設してつなげばよい。実は、どの家庭にも200Vの交流があらかじめ供給されているのである。

電柱から各家庭への引込線には３本の電線が使われている。その３本の電線がどのようになっているかを示したのが図8.2である。一般的には図に示すようにアカ、シロ、クロの電線が使われている。このような交流の方式を**単相三線式交流**と呼ぶ。図で中央のシロ線は接地線と呼ばれ、アースに接続されている。このシロとアカ、クロのいずれかを組み合わせれば100Vの配線ができる。また両端のアカとクロを使えば200Vの配線ができる。アカ・シロの組み合わせとクロ・シロの組み合わせの２組の100Vは、家庭内で使用量がバランスするように屋内配線されているはずである。このような単相三線式交流は、各家庭の屋内にある分電盤まで配線されている。

このほか、工場などには400Vの交流も配線されている。出力の大きいモーターやヒーターなどに使われる。このような600V以下の交流電圧は低圧電力と呼ばれ、私たち（電力会社は需要家と呼ぶ）が一般的に使うことができる交流である。

これよりも電圧が高いものは、高圧電力と呼ばれる。高圧電力とは600Vから7000Vの範囲である。高圧電力として使われる電圧の代表的な電圧は6600Vで、街中の電柱までの配電に使われている。図8.3に示すように、各家庭の直前までは6600Vで送られてきている。電柱に取り付けられている柱上変圧器によって、100Vと200Vの単相三線式交流に変換して家庭に引き込まれている。また、ビルや工場では6600Vを直接受電して使用する。3300Vという電圧も使われることがある。高圧が使われる理由は、前述のように電圧を高くすれば電流が小さくなるのでジュール熱によるロスの発生が少なくなること、および電流が小さくなるので細い電線が使えるようになるためである。

7000V以上の電圧を特別高圧電力と呼ぶ。特別高圧のうち２万2000Vは大規模工場などで直接受電することがある。送電には６万6000V、15万4000Vなどの高電圧が使われている。送電とは発電所から変電所（変圧器のある設備）への電気の輸送を指している。これに対して、変電所から各家庭への供給は配電と呼んでいる。巨大工場や鉄道

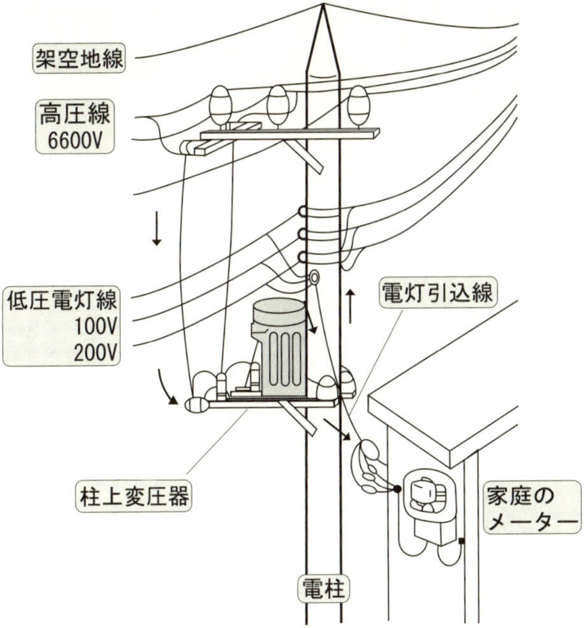

図8.3　柱上変圧器の役割

は電力を多く使うので、特別高圧を直接受電している。

遠くの発電所から市街地までの長距離を送電する際には、超高圧電力が使われる。超高圧とは27万5000V、50万Vなどの高い電圧である。発電所で発電する電力はきわめて大きいため、長距離でもロスが少なくなるようにできるだけ高い電圧で送電するのである。これらの電圧の変更の様子を図8.4に示す。なお、現在わが国では100万Vの超高圧送電設備が一部で完成している。これは世界のトップレ

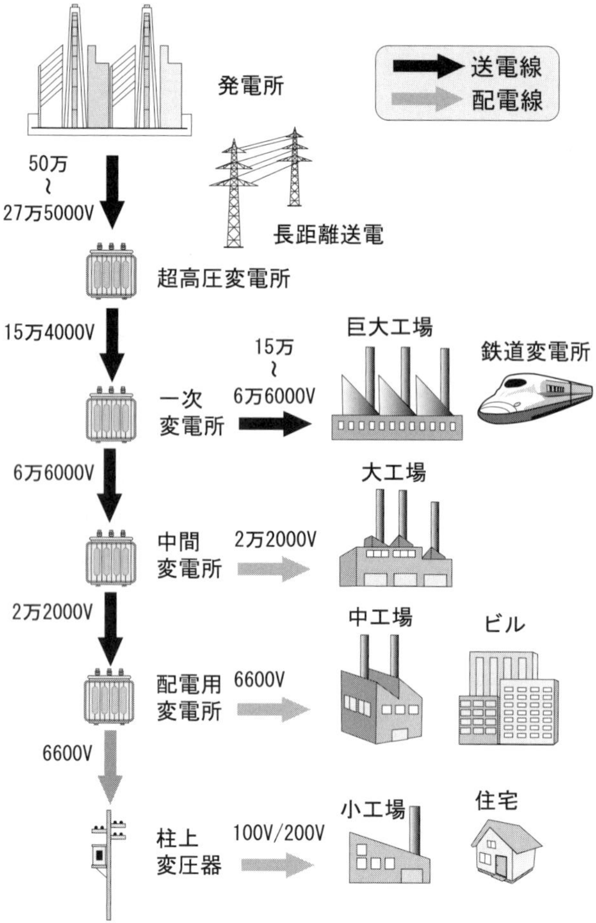

送電線
配電線
発電所
50万
〜
27万5000V
長距離送電
超高圧変電所
15万4000V
巨大工場
鉄道変電所
15万
〜
6万6000V
一次
変電所
6万6000V
大工場
中間
変電所
2万2000V
2万2000V
中工場
ビル
配電用
変電所
6600V
6600V
小工場
住宅
柱上
変圧器
100V/200V

図8.4　送電・配電の電圧

ベルにある技術であると考えていただきたい。

■8.3　三相交流

ここまで、交流電源から負荷に向かって電流が流れ、負荷から交流電源に電流が戻る、という説明をしてきた。その時、交流電流の方向は、時々刻々と向きが切り替わっている。つまり交流電源と負荷の間は２本の導線で結ばれていた。ところが交流電源と負荷の間を３本の導線で接続する交流の方式がある。これを**三相交流**と言う。これに対して、これまで説明してきたような交流の方式を**単相交流**と言う。実は交流のほとんどはこの三相交流方式が使われているのである。単相交流は家庭などで使う比較的電力の小さい機器や設備に使われる。ビル、工場、送電、配電などには三相交流が使われている。

三相交流は単相交流が三つ組み合わされたようなものだと考えてほしい。図8.5(a) は三相交流の原理を示している。図に示すように、３組の単相交流がある。それぞれの回路では単相交流がそれぞれの負荷に供給されている。この時、３組の単相交流電圧 V_a、V_b、V_c が互いに120°位相が異なっているとする。この様子を図8.5(b) に示す。

この時の三相交流電圧の時間的な変化はどのようになるであろうか。図で▲で示した時刻では V_a が +1で、V_b、V_c は −0.5である。この時 $V_a + V_b + V_c = 0$ である。実はどの瞬間でも３つの電圧の合計はゼロとなるのである。このように位相が120°異なる３つの正弦波電圧の瞬時値の合計は、常にゼロとなる。不思議に思う読者は三角関数の

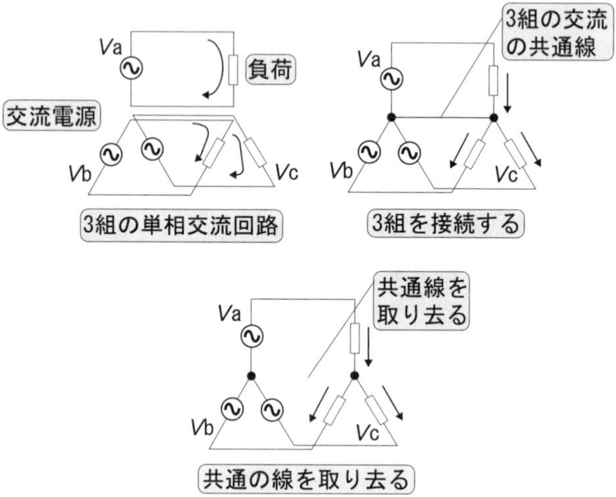

(a)三相交流の原理

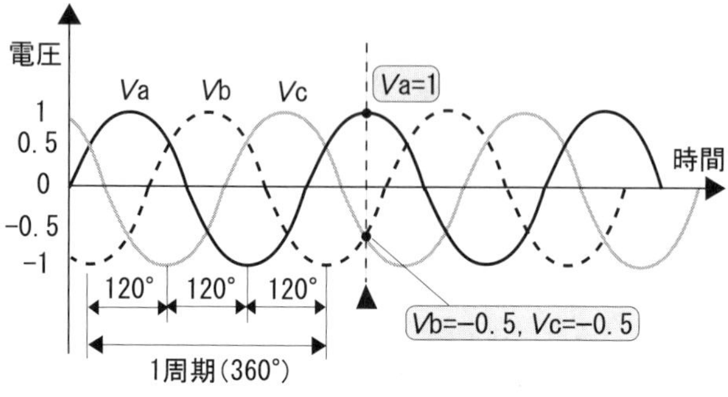

(b)三相交流の時間的変化

図8.5　三相交流の原理

いろいろな公式を思い出して、次の式を解いてみることにチャレンジしていただきたい。

$$\sin\theta + \sin(\theta + 120^\circ) + \sin(\theta + 240^\circ) = 0$$

図8.5に戻って、この性質を利用することを考えよう。中央にある３つの共通の線を１つに束ねて１本の共通の線にすることを考える。この時、３つの単相交流の電圧の合計は常にゼロであることを思い出してほしい。つまりこの１本の共通線には３つの電圧が加わっているので、電圧は常にゼロである。電圧がゼロなので共通線には電流は流れない。そこで、電流も流れず、電圧もゼロなので、この線を取り去ってしまってもまったく状況は変わらない。実際に、この線を取り去ってしまう。つまり３組の単相交流は３本の導線で負荷に接続できるのである。これが三相交流の原理である。三相交流が供給する負荷も３つの負荷がＹ形に結線された三相負荷である。

三相交流の３本の導線それぞれには単相交流と同じような交流電流が流れている。三相交流のそれぞれの単相電源を相と呼び、単相電源が３組あるので三相と言う。相が異なっても周波数は同一の交流である。しかし、それぞれの相は位相が120°異なっているので電流の向きの入れ替わりは同時に行われず、120°（１周期の$\frac{1}{3}$である）の位相に相当する時間だけずれている。

続いて、三相交流電源が三相負荷に接続されている時の電流について説明する。図8.6には三相交流電圧を示している。この交流電圧には時刻が①から⑦まで示してあり、それぞれの時刻①から⑦までに三相交流電源に接続された三相負荷に流れる電流の向きを示している。

ここで時刻①を考えてみよう。時刻①は位相角が0°なので、V_aは0、V_bは$-\frac{\sqrt{3}}{2}=-0.866$であり、$V_c$は$\frac{\sqrt{3}}{2}=0.866$である（$V_a+V_b+V_c=0$となっている）。この時は三相負荷の電流はプラスの$V_c$からマイナスの$V_b$に向けて流れ、$V_a$につながれた負荷には電流は流れない。

次に時刻②を見てみよう。時刻②は位相角30°である。この時、V_aとV_cは同じ値であり、いずれも$\frac{1}{2}=0.5$である。一方、V_bは-1である。この時、三相負荷の電流はプラスのV_aとV_cから流れ込み、電源電圧がマイナスのV_bに向けて電流が流れる。

同じように時刻③、時刻④と追ってゆくと三相負荷の電流が次々と切り替わってゆくことがわかると思う。⑤、⑥と経過して、時刻⑦になると電流はV_bからV_cに向けて流れ、V_aにつながれた負荷には電流は流れない。時刻①と電流の向きが反対になった状態が出現している。ここまででV_a相のプラスの期間が終了し、この後はV_a相のマイナスになる期間が続く。

ここまで、時刻①の位相が0°で、そこから30°ごとに様子を見てきた。このまま位相360°まで見ればV_a相のマイナスの期間が終了して1周期となる。三相交流電源につながれた三相負荷を流れる電流は時々刻々と変化しており、複雑に見えるかもしれない。しかし、1つの負荷の電圧・電流をよく見ると、単相電源に接続された負荷とまったく同じなのである。

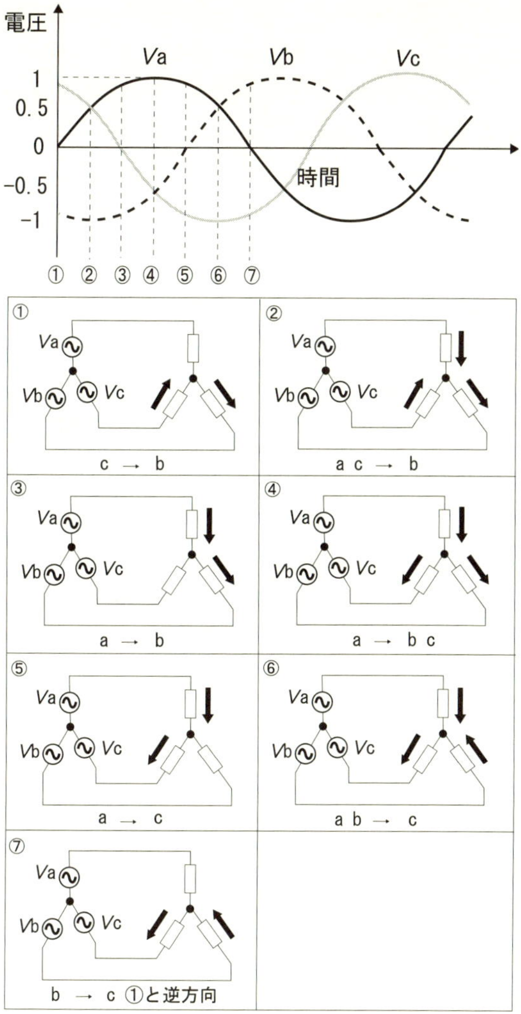

図8. 6　三相交流負荷の電流の向き

三相交流の特徴は、3つの相の電圧が同時にゼロになる瞬間がないことである。1つの相がゼロの時、他の2つの相の電圧はゼロでない。電流も同様に3本の線を流れる電流が同時にゼロになることはない。それぞれの線には単相交流電流が流れており、これを線電流と呼ぶ。線電流にはそれぞれゼロになる瞬間がある。しかしその時、他の2つの線電流は流れているのである。また2本の線の間の電圧(線間電圧)も単相交流電圧となっている。つまり電圧がゼロの瞬間がある。しかし常にいずれかの線間電圧はゼロでない。

モーターを連続的に回そうとすると、単相交流では電流がゼロの瞬間があり、連続的に回すのには工夫が必要である。その点で三相交流はモーターを回すのに適している。また、電線を2本から3本に1.5倍にすることにより、電力は約1.7倍($\sqrt{3}$倍)となることも三相交流の特徴である。このため、送電には三相交流が使われる。

発電所では三相交流を発電し、三相交流が送電されている。三相交流のうちの2本を取り出して単相交流を使っている。また、三相交流は交流モーターを回す電力としても利用しやすい。電力の多くの部分は三相交流が使われている。三相交流の3本の線にもう1本の中性線(アース線のこともある)を加えた**三相四線方式**もよく使われる。これは電線が4本あるが四相交流ではない。

第9章　交流の周波数

交流電流の向きの入れ替わり回数が周波数である。コンセントにつないで使う交流電流の周波数は、商用周波数と呼ばれている。私たちが直接使うことができる交流は50Hzまたは60Hzの商用周波数であるが、それ以外の様々な周波数の交流もいろいろなところで使われている。ここでは様々な周波数の交流について述べてゆく。

■9.1　様々な交流電力の周波数

交流が使われるようになって、現在使われている50Hzや60Hzの周波数に落ち着くまでには様々な周波数が使われてきた。まず初期には、電気は照明のために使われるのが目的であった。交流で白熱電球を点灯させると、周波数によって明るさのちらつきが生じる。そのため照明用には周波数は高いほうがいいと言われ、133.33Hzが使われたこともあった。また、ナイアガラに初めて水力発電所を作った時には、長距離送電には低い周波数が有利だということで、25Hzが使われた。このほか16.66Hzや33.5Hzなどの様々な周波数が使われた。それぞれがその機器に都合の良い周波数をまず選択したためである。やがて、周波数を統一するという動きが起き、発電機やモーターなどへの適用に都合の良い中間の周波数に落ち着いたということである。

現在では世界の電力の周波数は、50Hzまたは60Hzである。これを商用周波数と呼ぶ。わが国では国内の周波数は統一されておらず、導入当初の50Hz、60Hzを併用している。図9.1に周波数の分布を示している。おおむね、糸魚川と富士川を結んだ線で分かれている。

商用周波数よりも低い周波数の電力をまだ使っているところもある。初期の鉄道で使われることがあった交流整流子電動機と呼ばれるモーターは、周波数が低いほど安定して使いやすかった。そのため、25Hzや16.66Hzなどの周波数を使っていた。しかし現代では、モーターなどの技術が進歩して、周波数を低くする必要がなくなってきているが、ヨーロッパなどではそのままの周波数で運行している鉄道がある。ただし、その鉄道用に特別の周波数を発電する必要があり、今後は50Hzまたは60Hzに統一されてゆくものと思われる。

また、商用周波数よりも高い交流電力も使われている。大型のジェット機では搭載機器を小型化するため、高い周波数の発電機を使っている。周波数が高いと、コンデンサやコイルを小さくすることができる。しかし反面、周波数が高いと送電による電圧低下や送電損失が大きくなる。航空機内部だけに供給するので、送電の距離は短く、このこ

図9.1　わが国の電力周波数

とは問題とならない。そのためジェットエンジンで400Hzの周波数を発電し、機内の電力をまかなっている。

■9.2　高周波

ここまでは、主に電力として利用する交流について説明してきた。電力の用途のほかに、よく使われている交流の一種に**高周波**がある。高周波とは、1000Hzや1万Hzのような周波数が高い交流を指している。高周波とは「周波数が比較的高い」という意味である。ある特定の周波数で区分しているわけではない。したがって、用途によって高周波という言葉の指す周波数は異なっている。しかし、一般的には数100Hz以上の周波数を高周波と呼ぶことが多いようである。高い周波数を表すのに次のような接頭語を使って少ない桁数の数値で表せるようにしている。

1,000Hz ＝1×10^3Hz ＝1kHz（キロヘルツ）
1,000,000Hz ＝1×10^6Hz ＝1MHz（メガヘルツ）
1,000,000,000Hz ＝1×10^9Hz ＝1GHz（ギガヘルツ）

交流電流を導線に流すと、その周波数の電波（電磁波）を放射する。電流が流れると図9.2に示すように周囲に磁界ができる。交流電流でできた磁界は、電流の周波数に応じて向きが切り替わる。磁界が切り替わるので、電磁誘導で周りの空間に起電力が誘導される。起電力は空間の位置によって大きさが異なるので、位置により電位が異なり、空間に電界が生じる。電界は磁界に直角方向となる。空間に電位差がある時、その電位差間には実際には流れていない電流（変位電流）があると考えられている。磁界が周波数に応じて向きが切り替わるので、変位電流もそれに応じて方向が切り替わる。そしてその変位電流の切り替えはさらに直角方向に磁界を作る……というように、周囲に電流の周波数で切り替わる電界と磁界を作ってゆく。周囲には電界と磁界が直交してプラス・マイナスに切り替わっていく状態ができる。このような状態を**電磁波**（**電波**）と言

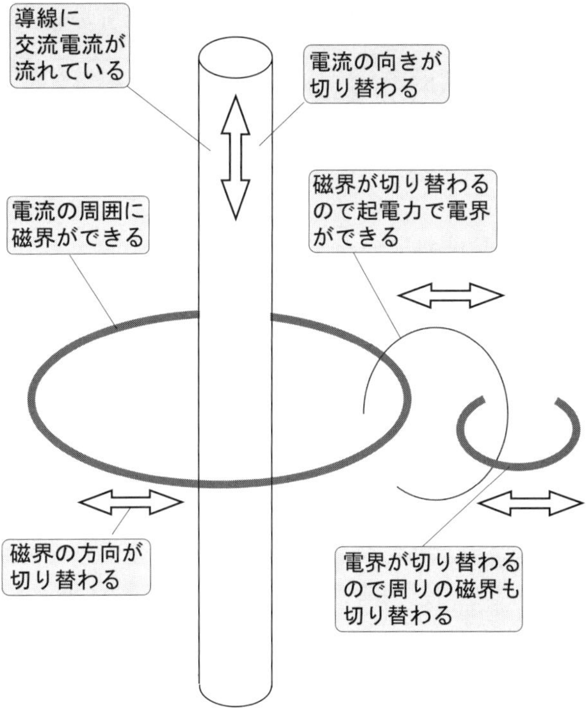

図9.2　高周波電流による高周波の磁界

う。電磁波は図9.3に示すように、磁界の波と電界の波が直交して進行する。

電流は周囲に電波を放射するのである。交流電流の周波数が高いほど電波を放射しやすい。商用周波数の電流もわずかであるが電波を放射している。高周波電流を流して電波を放射しやすく形状を工夫した装置が送信アンテナであ

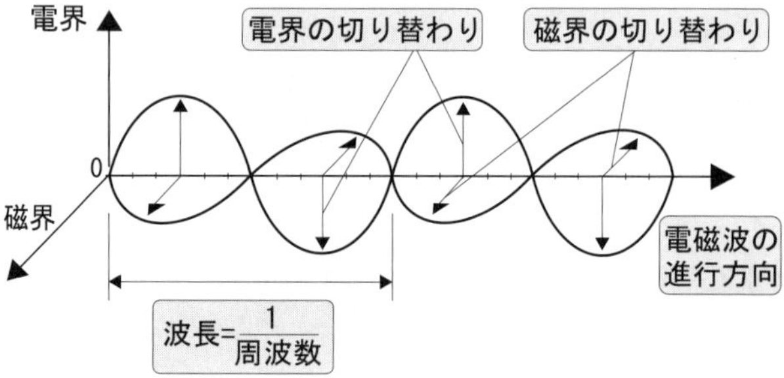

図9.3　電磁波

る。

高周波は通信などの情報の伝達によく使われている。人間の聞こえる音は20Hzから２万Hzと言われている。これを可聴帯域と呼ぶ。可聴帯域の音をそのまま電気に変換したとすると、その音の周波数を持つ交流電流の信号になる。マイクロフォンは音波（空気の振動）を電気信号に変換し、音声の周波数の交流電流を流す働きをしている。スピーカーケーブルにも音声信号に対応した周波数の交流電流が流れている。

音声などの交流電流の信号をさらに高い周波数の交流によって加工することにより、音声信号を精密に伝送することができる。このような高周波電流を利用する通信の方式は有線通信と呼ばれる。一方、無線通信とは、高周波電流を送信アンテナに流して電波を放射させ、その電波を受信アンテナで検出して、送信された高周波信号を電流に再現して、情報の伝達を行うものである。

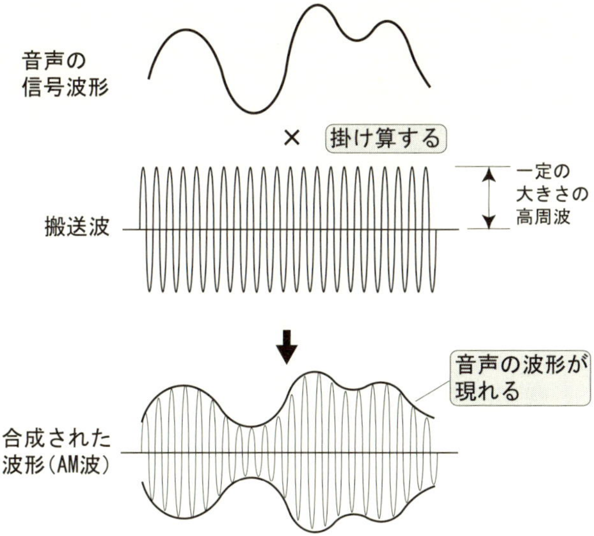

図9.4　AM放送の原理

例えばラジオに使うAM放送の信号は図9.4のような仕組みで作られる。マイクロフォンにより、音声はそのまま音声の信号に変換される。音声信号は搬送波と呼ばれる高周波（AMラジオは中波放送と呼ばれ、周波数が526.5kHz～1606.5kHzの搬送波を使用している）と掛け算し、合成される。合成された信号が電波となって送信されている。ラジオで受信した電波から元の音声信号を取り出せば音声が聞こえるのである。

音声信号を直接電波にして送ることも原理的には考えられるが、地球上にはあらゆる周波数の多くの電波が存在し

周波数	名称	略称	用途の例
3kHz～30kHz	超長波	VLF	水中通信
30kHz～300kHz	長波	LF	標準電波(電波時計)、ビーコン
300kHz～3MHz	中波	MF	AMラジオ、船舶通信
3MHz～30MHz	短波	HF	短波放送、船舶・航空機通信
30MHz～300MHz	超短波	VHF	FMラジオ、防災無線、航空管制、消防・警察無線
300MHz～3GHz	極超短波	UHF	レーダー、携帯電話、無線LAN、特定小電力無線、地上テレビ放送
3GHz～30GHz	センチ波	SHF	レーダー、無線LAN、マイクロ波通信
30GHz～300GHz	ミリ波	EHF	レーダー、衛星放送、衛星通信、電波天文学
300GHz～3THz	サブミリ波		電波天文学

図9.5　無線通信に使われる周波数

ているので、混信や雑音という問題が生じてしまう。そのため通信には高い周波数の信号や電磁波を使うのである。高周波は通信の基本的な道具であり、通信の基本には高い周波数の交流電流があるのである。なお、図9.5には各種の電波の周波数と代表的な用途を示している。

■9.3　高周波加熱

高周波は通信以外にも、高周波電流の電力としても利用されている。その代表的なものは高周波調理器（IHクッキングヒーター）である。IHクッキングヒーターのIHとはInduction　Heating（誘導加熱）の頭文字をとったもの

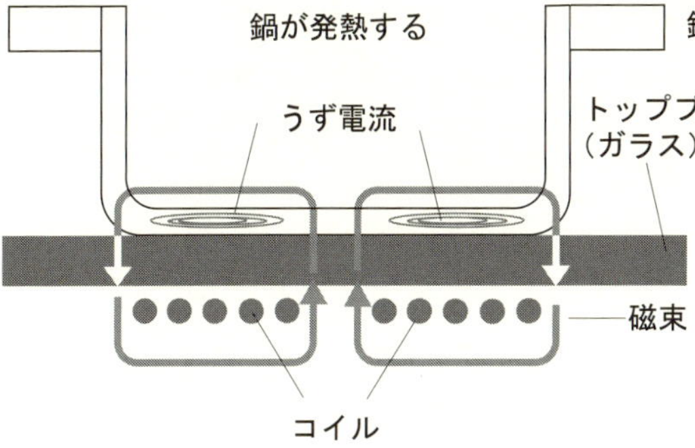

図9.6　IHクッキングヒーターの原理

である。IH クッキングヒーターは電磁誘導を利用して鍋を加熱する装置である。電磁誘導の誘導起電力によって金属の内部に電流が流れ、それがジュール熱を発生する。第３章で述べたように、電磁誘導によって生じる誘導起電力は電流の変化の速さに比例する。例えば10kHz の高周波電流は１秒間に１万回プラス・マイナスが変化する。その回数だけ磁界の方向も切り替わっている。電流の周波数が高いほど誘導起電力が大きくなり、発熱が大きくなる。

図9.6に IH クッキングヒーターの原理を示す。コイルに高周波電流を流すと、電流によって生じる周囲の磁界も同じ周波数で変化する。金属製の鍋の内部に入り込んだ磁界によって、鍋の内部に大きな誘導起電力が発生する。その誘導起電力によって、鍋の内部に電流が流れる。電流は鍋の金属内部で１周して流れている。このような電流を**うず電流**と呼ぶ。鍋の内部に誘導されたうず電流によってジュ

ール熱が発生し、鍋自体が発熱する。これが発熱の原理である。そのため、磁気を通しやすく、電流の流れやすい鉄製の鍋がIH クッキングヒーターに向いていると言われている。

高周波による加熱は工場などでもよく使われている。高周波加熱、誘導加熱などと呼ばれる。高周波加熱は金属を加熱したり、溶解したりするのに使われている。高周波加熱で使われている周波数は数100Hz のものから数10kHzまであり、用途や対象物によって使い分けられている。

高周波の交流電流には面白い性質がある。電流は周波数が高ければ高いほど導線の表面近くを流れるという性質がある。図9.7に示すように、直流電流は導線の内部を一様に分布して流れている。周波数が高くなってゆくと中心部の電流が低下し、電流は表面近くを流れるようになる。極端に高い周波数（GHz 以上）になると、電流は表面近くのごく薄い部分だけしか流れなくなる。これは表皮効果と呼ばれる現象である。

表皮効果は、同じ太さの導線でも流れている電流の周波数が高くなると電流が流れにくくなるという現象を生じさせる。第１章で述べたように、金属など導線の抵抗は断面積に反比例する。しかし、高周波電流を流すと、電流は表面近くしか流れないので電流の流れる実効的な断面積は小さくなる。そのため見かけの抵抗が大きくなってしまう。これを実効抵抗と言う。

この性質から、高周波を使った装置の配線にはいろいろな工夫がされている。表皮効果により表面近くしか電流が

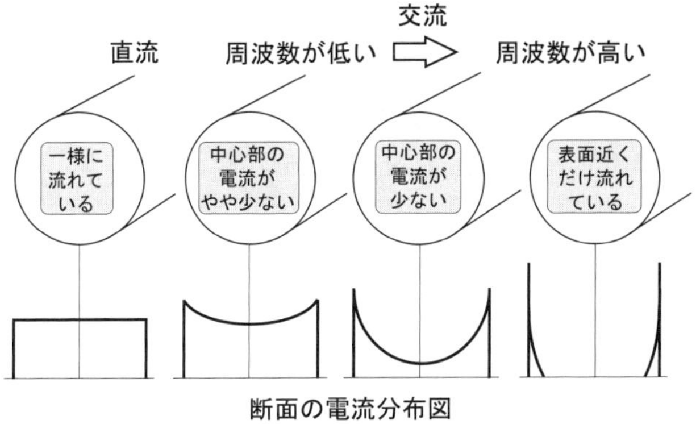

図9.7　表皮効果

流れないというのは、極端に言えば、表面だけ電流が流れていることになる。したがって、太い線を使うと表面積が小さいので、実効抵抗が大きくなってしまう。そこで太さの割に表面積が大きくなるように、細い線を束ねて使う。図9.8に示しているのがその例である。このような導線をリッツ線と言う。IHクッキングヒーターのコイルにはリッツ線が使われている。

リッツ線を使わなくても、表面に抵抗の小さい物質をメッキすれば電流の大部分はメッキ層を流れるので、抵抗が小さい材料を使うのと同じ効果がある。金は抵抗率が小さいが値段が高い。導体として、すべてを金にしてしまうと高価になってしまう。しかし導体の表面に金メッキをすれば、全体を金で作ったのと同じような実効抵抗になる。高周波電流を扱うコンピューターや衛星放送などの装置で

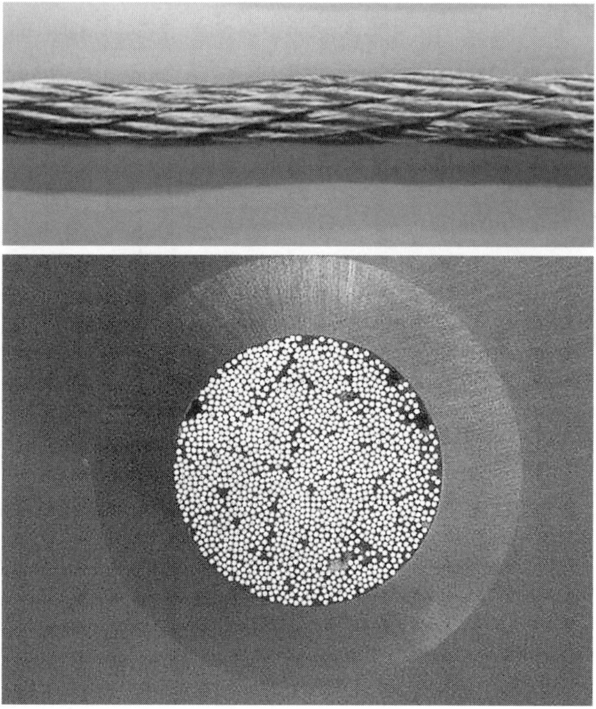

（株）フジクラ提供

図9.8　リッツ線

は、金メッキした導体をよく使う。これによって実効抵抗を下げ、しかも金の使用量が少なくても済む。使用済みの電子機器から貴金属が回収できるというのは、このような貴金属がメッキされているからである。

第10章　交流を使う

交流の電力を最も多く消費しているのがモーターである。わが国で発電された電力の半分以上は、最終的にはモーターによって使われている。電車が走るのもモーターの力を利用している。洗濯機が回るのも、冷蔵庫で冷やすのも、いろいろなものにモーターが使われている。私たちの生活は電気で回るモーターによって支えられていると言ってもよい。モーターには**直流で回るモーター**と**交流で回るモーター**がある。ここでは特に交流モーターを取り上げ、交流電流でモーターがなぜ回るのかを説明する。さらに、交流モーターの種類と、どこで使われているかを述べてゆく。

■10.1　交流モーターはどこで使われているか

一口にモーターと言っても多くの種類がある。図10.1に代表的なモーターの分類を示す。交流電流で回るモーターを**交流モーター**と言う。交流モーターは、さらに**同期モーター**と**誘導モーター**に分類される。同期モーターは、モー

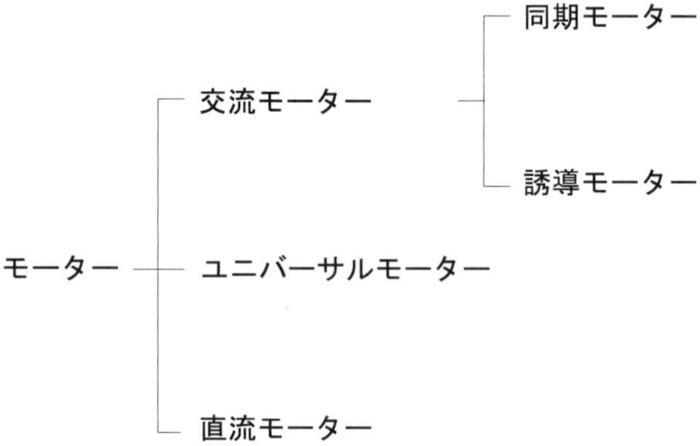

図10.1　モーターの分類

ターの回転数が交流電流の周波数にぴたりと比例して回転する。誘導モーターの回転数は、交流電流の周波数にほぼ比例する。交流モーターの特徴は、電流の周波数に応じた回転数で回転することである。

また、直流電流で回るモーターは**直流モーター**と呼ばれる。さらに、交流、直流いずれでも使える**ユニバーサルモーター**というモーターもある。このように様々な種類のモーターが用途に合わせて使われている。

エレクトロニクスがまだ発達していない頃には、電流の周波数を用途に合わせて、それぞれ調節することは難しかった。つまり、交流モーターは発電所で発電した電流を使っており、その周波数は一定であり、個別のモーターのために周波数を調節することは難しかった。そこで、交流モーターは回転数の調節があまり必要とされないような用途に使われ、直流モーターは回転数を精密に制御するような用途に使い分けられてきた。

家の中であまり回転数を変える必要がないモーターと言えば、換気扇やポンプなどのモーターが思い浮かぶ。これらの機器には交流モーターが使われている。交流モーターは電源コンセントにプラグを直接差し込むだけで運転する。交流電流を使って交流モーターを回せば、モーターを手軽に回すことができる。また、エレベーターやエスカレーターにも交流モーターが使われている。さらに、工場やビル設備などには送風機、ポンプなどのように、常にほぼ一定の回転数で回っているモーターがたくさんある。

交流モーターは、古くからこのようにほぼ一定の回転数で使うような用途で使われてきた。半面、交流モーターの弱点は回転数を変更しにくいということである。回転数を調節したい時には、交流モーターの回転を機械で変速するか、直流モーターを制御して回転数を調節してきた。直流モーターの回転数を変更するのは、モーターの直流電圧を変更すればよい。直流電圧は、乾電池の直列接続数を変更するような、比較的簡単な方法で変更することができる。そのため回転数を精密に制御する場合には、直流モーターが使われることが多かった。

直流モーターを使った電車のモーターの制御の原理を図10.2に示す。(a) の抵抗制御法はモーターと直列に接続された抵抗を切り替える方式である。抵抗のスイッチがオン

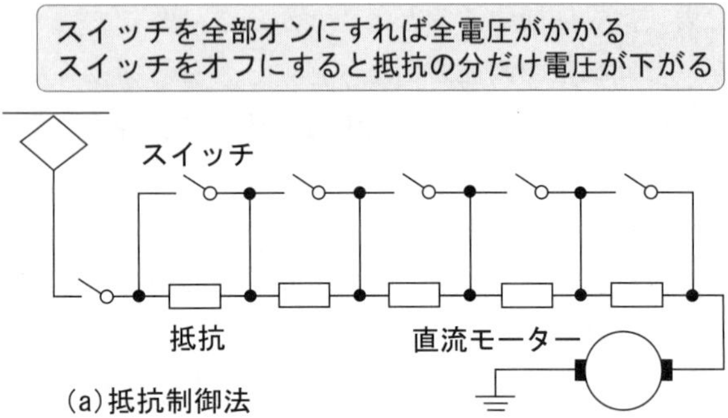
スイッチを全部オンにすれば全電圧がかかる
スイッチをオフにすると抵抗の分だけ電圧が下がる
スイッチ
抵抗
直流モーター

(a)抵抗制御法

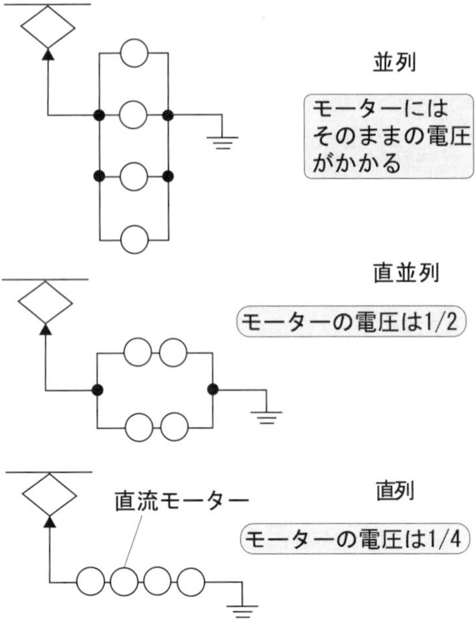
並列
モーターには
そのままの電圧
がかかる
直並列
モーターの電圧は1/2
直流モーター
直列
モーターの電圧は1/4

(b)直並列制御法

図10.2　直流モーターを使った電車の回転数制御

されていれば、電流はスイッチを通って流れるので、抵抗はないものと同じことになる。抵抗のスイッチをオフすると、その抵抗がモーターと直列に接続されたことになり、モーターの電圧がその分だけ低くなる。それに応じて、モーターの回転数も低くなる。(b) の直並列制御法は複数のモーターを直列に接続したり、並列に接続したりを切り替えてそれぞれのモーターにかかる電圧を変更している。直列接続すると１つのモーターにかかる電圧が低くなる。このようにモーターの直流電圧を調節、変更することで、直流モーターの回転数を段階的に変更できる。

しかし、20世紀の終わりごろから、それまで直流モーターを使って変速していた機械が交流モーターを使うようになってきた。電車のモーターも現在ではほとんどが交流モーターに置き換わっている。その理由は、第13章で述べるインバータの採用である。インバータにより交流モーターの回転数が自由自在に制御できるようになった。そのため、電車のように回転数をしばしば調整するようなモーターにも、交流モーターが使われるようになったのである。今や、我々の周りのモーターは、ほとんど交流モーターが占めるようになった。なお、電池で駆動するような携帯機器や小型の家電、さらに、12V のバッテリーを積んでいる自動車などには、現在もたくさんの直流モーターが使われている。

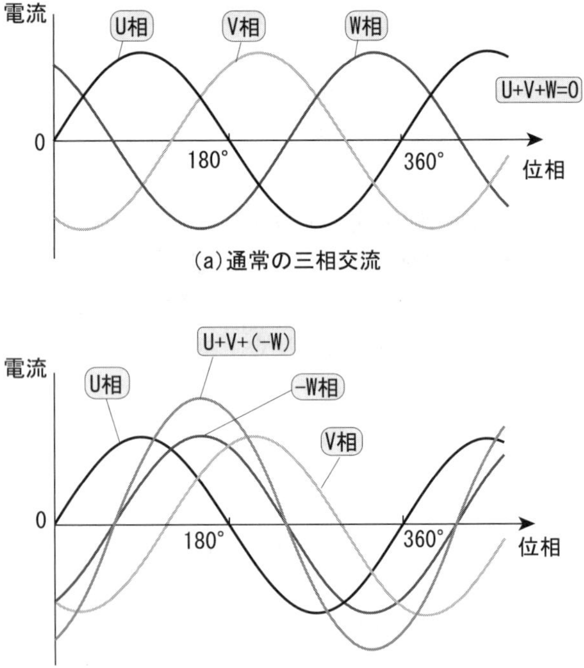

(a)通常の三相交流

(b)W相を逆につないだ場合

図10.3　三相交流の合計

■10.2　なぜ交流モーターが回るのか

三相交流は位相が互いに120°ずれた3組の単相交流電流が流れていると考えればよい。図10.3(a) には三相交流の電流を示している。いま、3つの相をそれぞれ、U相、V相、W相と呼ぶことにする。第8章で述べたように、どの瞬間においても3つの相の電流の和（$I_U + I_V + I_W$）はゼロである。いま、この3つの単相交流のうち、1つの相だけをプラス・マイナスを逆にすることを考えてみよう。

図10.3(b) ではW相だけプラス・マイナスを逆にしてみた時の電流の様子を示している。この時、3つの相の電流の和は（$I_U + I_V + (-I_W)$）となり、ゼロではなくなる。しかも、3つの電流を合成すると、大きな正弦波が1つ現れてくる。この正弦波はもともとの各相を流れている電流と同じ周波数で、$\frac{3}{2}$倍の大きさである。三相交流のうち1相だけ逆向きにすると、1つの正弦波が合成できるのである。

いま、図10.4(a) に示すように、U相、V相、W相のコイルを120°間隔で円周上に配置したとしよう。この時コイルの巻いている方向は図10.4(b) のようになっている。ここで、図に示している「●」「×」はコイルの向きを示している。「●」はこちらに向かうことを示し、「×」はあちらへ向かうことを示している。この記号の起源は矢が飛んでいることからきたと言われている。こちらに向かってくる時は矢じりの先端が見え、向こうに向かう時には矢羽が見える、という意味である。U^+の方向を「×」としよう。この位置から120°離れてV^+を示す「×」があり、さらに120°離れてW^+を示す「×」がある。コイルはU^+、W^-、V^+の順に並んでいることに気がつくと思う。

この三相コイルに三相交流電流を流すことを考えよう。隣り合った3つのコイルのうちW相だけ巻いている方向が逆になっている。つまり、W相は実際に流れている電

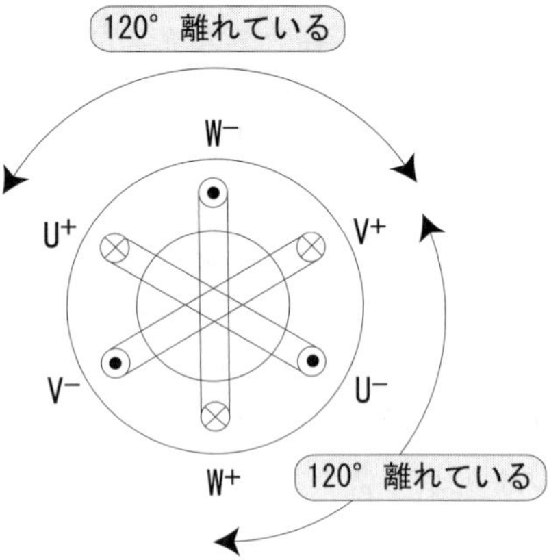

(a)コイルの配置

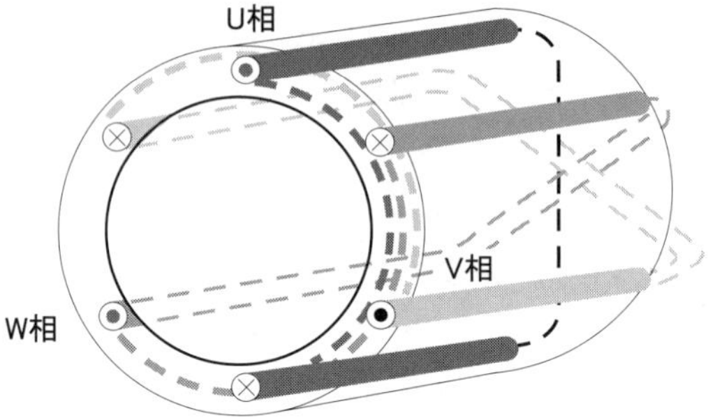

(b)コイルの巻き方

図10.4　三相コイル

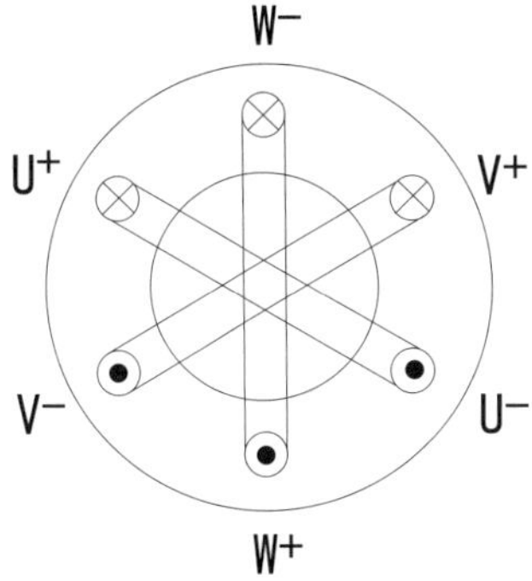

(a)電流の方向

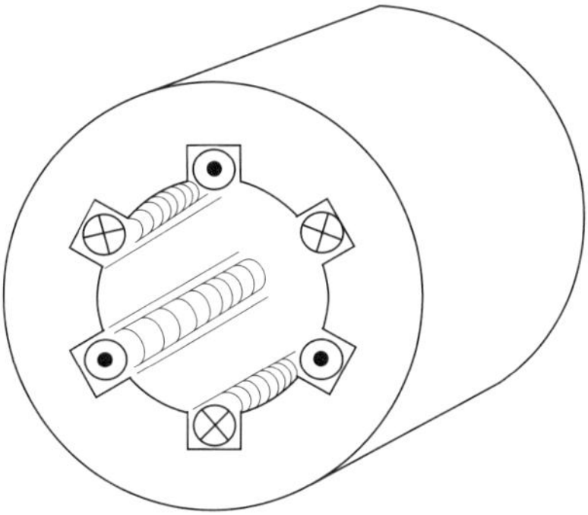

(b)溝の中に巻かれたコイル

図10.5　三相コイルを流れる電流と実際の三相コイル

流のマイナス側の向きに流れるように見える。したがって、コイルに流れる実際の電流の向きを「●」「×」で表すと図10.5(a) のようになる。つまりW相のコイルの電流の向きが反転している。この時、三相交流電流が合成されると図10.3(b) に示したように、1つの正弦波となる。三相コイルに三相交流電流を流すと、1つの正弦波の交流電流を流しているように見えるのである。合成された正弦波は時間の経過とともに移動してゆくので、回転するように見える。

回転する合成電流をモーターに利用するための三相コイルは、実際には図10.5(b) のように巻かれる。リング状の鉄心と呼ばれるものにコイルを巻く。鉄心の内側には軸方向に溝が切られている。この溝の中にコイルを入れれば、リングの内側にはコイルの出っ張りがなくなり、円形に近い断面になる。

電流が流れると電流の磁気作用で周囲に磁界ができる。いま、コイルは鉄心に巻かれている。鉄心は文字通り鉄でできており、鉄は空気よりも磁気を通しやすい。磁気の通りやすさは透磁率によって表す。第2章でも述べたが、モーターや変圧器に使われる電磁鋼板と呼ばれる鉄の透磁率は空気の約1000倍であり、電磁鋼板のほうが空気よりはるかに磁束を通しやすいので、電流によってできた磁界はほぼすべてが鉄心の中にできる。

電流によってできる磁界は電流の回りを1周する。ところが三相コイルを流れる合成電流は、鉄心の円周の半分ずつで電流の向きが異なっている。そのため、電流の向きの切り替わりの点で磁束が互いに反発する。そのため、磁束が曲がって鉄心から出てゆこうとする。磁束が鉄心に出入りするということは、その場所にＮ極とＳ極の磁極ができてしまうことになる。磁力線はＮ極から出て最短距離でＳ極に向かう。鉄心の外部へ出ようとする磁束はリングの内側へ出て、対角線を通って反対側の磁極に向かう。鉄心の内側のある部分がＮ極となり、反対側がＳ極となる。しかも、この磁極は電流の回転に応じて回転してゆく。三相の合成電流がゼロの位置にＮ極とＳ極があるように見えるのである。この様子を図10.6(a) に示す。

このことは、三相コイルに三相交流電流を流すと、外側に永久磁石があって、それが回っているように見えることに相当する。外側の磁石の回転の速さは三相交流電流の周波数と同じである。このように作られた磁界を**回転磁界**と言う。

「三相交流電流を三相コイルに流すと回転磁界ができる」

■10.3　交流モーターの原理

三相交流電流でできる回転磁界を利用すれば、交流モーターが実現する。いま、図10.6(b) に示すように三相コイルの内側に回転可能な永久磁石を置いたとする。すると回転磁界と磁石は互いに引き合うことになる。磁界が回転すれば、磁石もそれに引っ張られて回転する。三相交流電流を三相コイルに流すと磁界が回転し、それに吸引されて回転部分が回転するのである。これが**交流モーター**の回転す

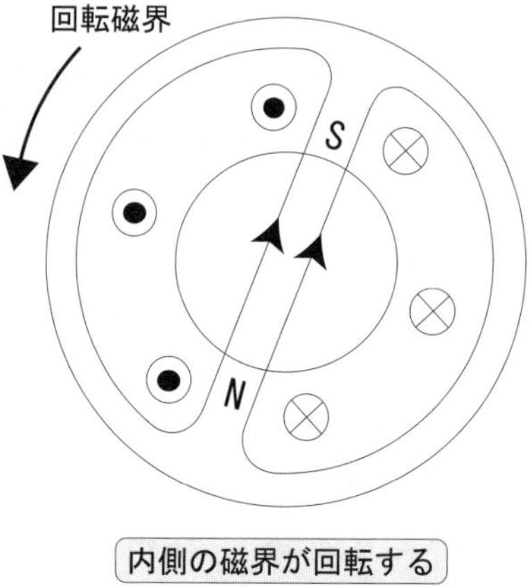

(a)回転磁界

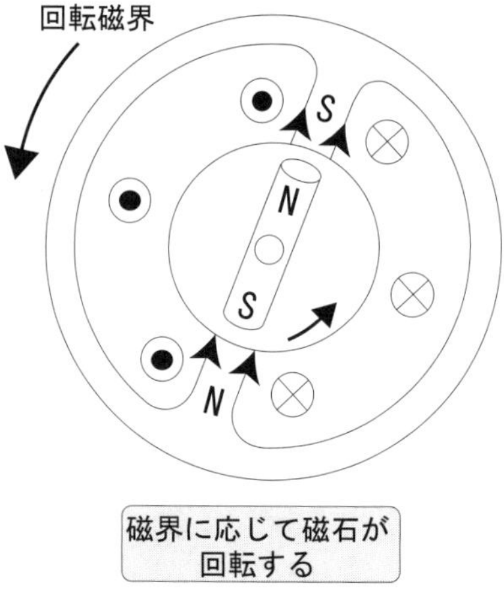

(b)同期モーターの原理

図10.6　回転磁界

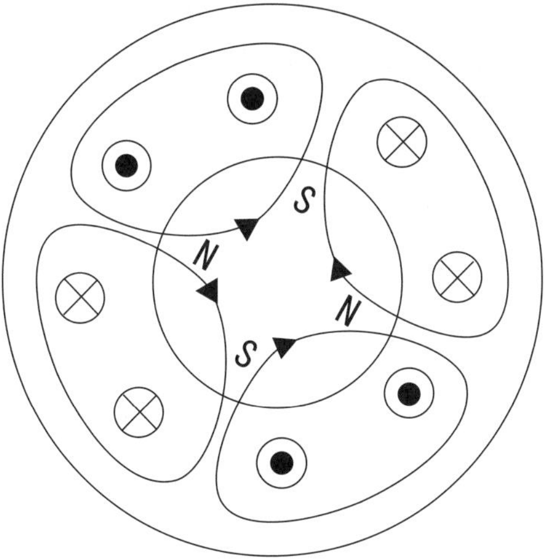

図10.7　4極の三相コイル

る原理である。

回転磁界は三相交流電流の周波数で回転するので、50Hzの交流電流ならば毎秒50回転する。すると回転部分も同じ回転数で回転する。では、交流モーターの回転数は周波数が決まればどのモーターでも同じ回転数でしか回らないかというと、そうではない。いま、三相コイルを図10.7に示すように2組配置したとする。この時、鉄心の内側には回転磁界が2組できる。鉄心の円周の半分で電流の1周期となり、1組の回転磁界ができる。このようなコイルを使えば永久磁石の回転数は電流の周波数の$\frac{1}{2}$になる。このようなコイルを4極のコイルと呼び、極数が4であると言う。このコイルではＮ極とＳ極のペアが２組あり、合計４つの極がある。これに対し、図10.6に示したような三相コイルは２極のコイルと言う。２極のコイルは極数が２である。

いずれのコイルを使っても、回転数は電流の周波数に比例する。回転数が電流の周波数に比例することを同期する、と言う。そこで、このようなモーターを**同期モーター**と呼ぶ。同期モーターの回転数は電流の周波数と極数で決まり、次のように表される。

$$
(\text{毎分回転数}) = 60 \times \frac{(\text{電流の周波数})}{\frac{(\text{極数})}{2}} = \frac{120 \times (\text{電流の周波数})}{(\text{極数})}
$$

２極の同期モーターを60Hzの電流で回転させれば、毎分3600回転する。４極の同期モーターを50Hzで回転させれば毎分1500回転である。なお、回転数の単位は実用上、毎分回転数が多く使われ、単位は［min^{-1}］である。［rpm］と表記することもある。モーターの三相コイルの極数を多くすれば、それだけゆっくり回転することになる。逆に、２極より小さい極数はありえないので、２極のモーターの回転数が上限である。

■10.4　いろいろな交流モーター

同期モーターは磁石が回転する。しかし磁石だけでは回転する部品を作れないので、鉄を使って回転する部分を作

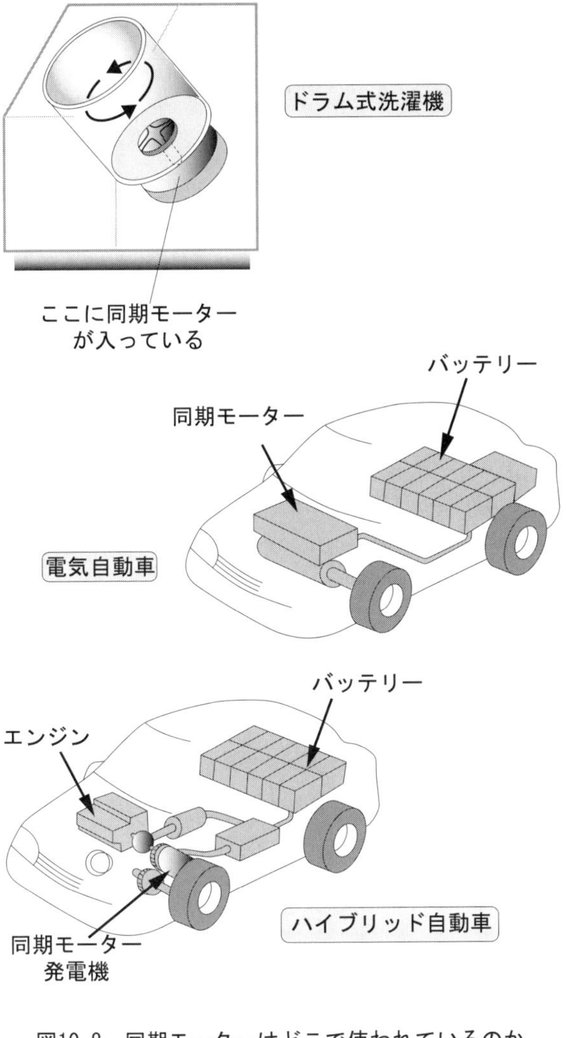

図10.8　同期モーターはどこで使われているのか

る。これをローターと言う。鉄でできたローターに取り付けられた磁石はモーターの性能を高くするために形状が様々に工夫されている。このような同期モーターに使われるローターについては第13章で詳しく述べる。図10.8には同期モーターが使われている用途の例を示す。

同期モーターの回転部分を永久磁石ではなく、コイルに直流電流を流した電磁石を使っても回転させることができる。こうすれば電磁石の直流電流を調整することにより永久磁石では難しい磁力の調整が可能である。

交流モーターのもう1つの代表として、**誘導モーター**がある。誘導モーターは交流モーターで最も多く使われているモーターである。誘導モーターはニコラ・テスラ（1856～1943）が1887年に特許を取得し、それ以来、現在まで広く使われている。誘導モーターは電磁誘導を利用して回転するモーターである。

誘導モーターの原理となる現象を図10.9に示す「アラゴーの円板」により説明する。円板は銅、アルミなどの磁石には引き寄せられない金属で作られており、円板は自由に回転するようになっている。永久磁石を円板に触れることなく、円板の上で動かす。磁石と円板の間には距離があるにもかかわらず磁石の動きよりやや遅れて円板が回転する。アラゴーの円板が回転する原理は、次のようなことが起きているからである。それは、

・磁石の磁束が円板に入り込む
・磁石が動くので、磁束も移動する

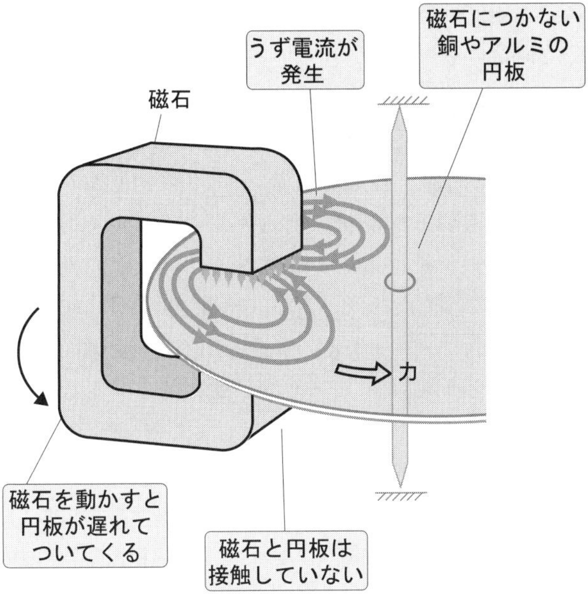
うず電流が
発生
磁石につかない
銅やアルミの
円板
磁石
力
磁石を動かすと
円板が遅れて
ついてくる
磁石と円板は
接触していない

図10.9　アラゴーの円板

・磁束が移動するので、円板のある位置での磁束が変化することになる
・磁束が変化するので、電磁誘導により誘導起電力が円板内部に発生する
・誘導起電力により、円板内部にうず電流が流れる
・うず電流と磁石の磁界により、円板に電磁力が働く

と説明される。

誘導モーターはこのアラゴーの円板の原理を実用化した

ものと考えてよい。磁石を動かす代わりに、三相コイルに三相交流電流を流してできる回転磁界を利用する。三相コイルの内側に回転可能な金属の円柱を設ければ、この円柱は回転する。このような回転する円柱状の金属をソリッドローターと言う。一般的な誘導モーターでは金属の円柱ではなく、いろいろな形状の金属導体やコイルを使っている。誘導モーターは電流の周波数と回転数が同期しないが、わずかに遅く、ほぼ一定の回転数で回転するモーターである。誘導モーターがどのような用途に使われているかを図10.10に示す。誘導モーターは比較的ワット数の大きなモーターに多く使われている。

同期モーターも誘導モーターも、交流モーターは2極の三相コイルを使った時が最高回転数である。機械的な増速機を使わずにモーター単体でそれ以上の回転数が得られるものに、**ユニバーサルモーター**がある。ユニバーサルモーターとは交流でも直流でも回転するモーターである。ユニバーサルモーターは掃除機や電気ドリルのような高い回転数を必要とする用途に使われている。図10.11にユニバーサルモーターが使われている例を示す。

これまで述べたように、交流モーターはそれぞれの特徴を生かして使い分けられている。しかし20世紀の最後にパワーエレクトロニクスが大きく進歩し、パワーエレクトロニクスを使えば交流電流の周波数を自由に制御できるようになった。そのため、パワーエレクトロニクスでモーターを制御することがごく当たり前のことになり、交流モータ

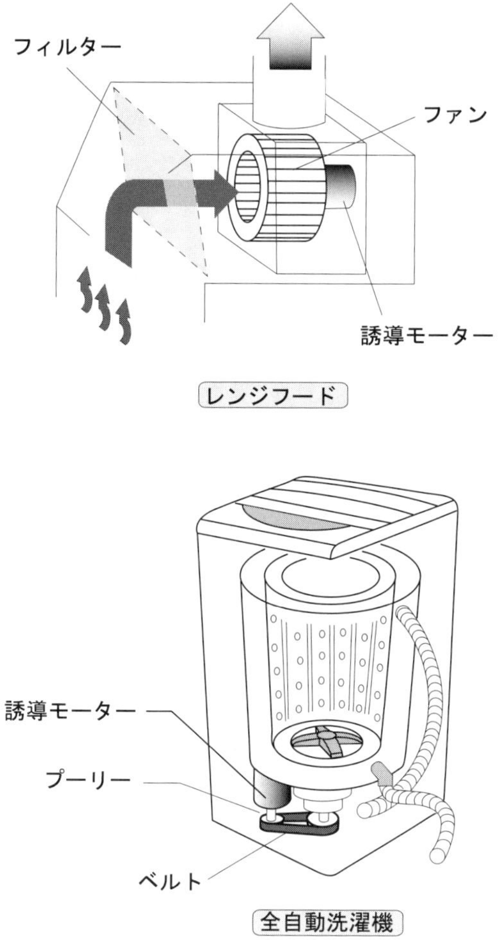

図10.10　誘導モーターはどこで使われているか

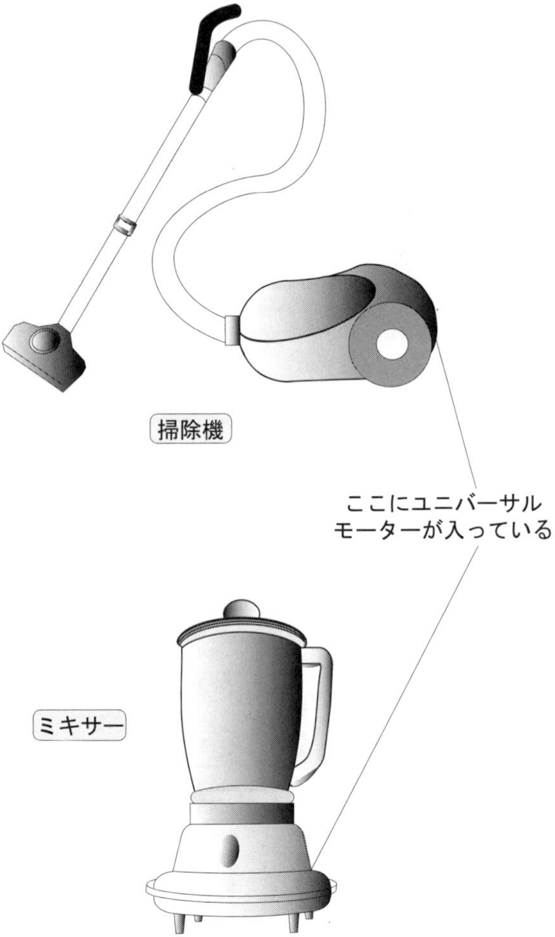

図10.11　ユニバーサルモーターはどこで使われているか

ーは回転数を調節したり、高い回転数で回したりと、その用途が広がっていったのである。

第11章　交流を作る　～発電～

発電所は電気を作るところと思うかもしれない。しかし、電気は作られるのではなく、いろいろなエネルギーを電気の形に変換しているだけである。発電とは、電気以外のエネルギーを電気エネルギーに変換することである。各種のエネルギーを使って発電機を回す。回転運動のエネルギーを電気エネルギーに変換するのが発電機である。交流電流を作る発電機は交流発電機と呼ばれる。ここでは発電所などで使われる交流発電機の原理を説明し、さらに、様々な発電の方式や仕組みについて説明する。

■11.1　交流発電機の原理

コイルに永久磁石が近づいたり遠ざかったりすると、電磁誘導によってコイルに誘導起電力が生じることは第3章で述べた。交流発電機はまさにその原理を使って発電する。いま、図11.1に示すような回転する棒状の永久磁石の周りにコイルがあると考えよう。磁石は表面の半分がN極、S極になっているとする。

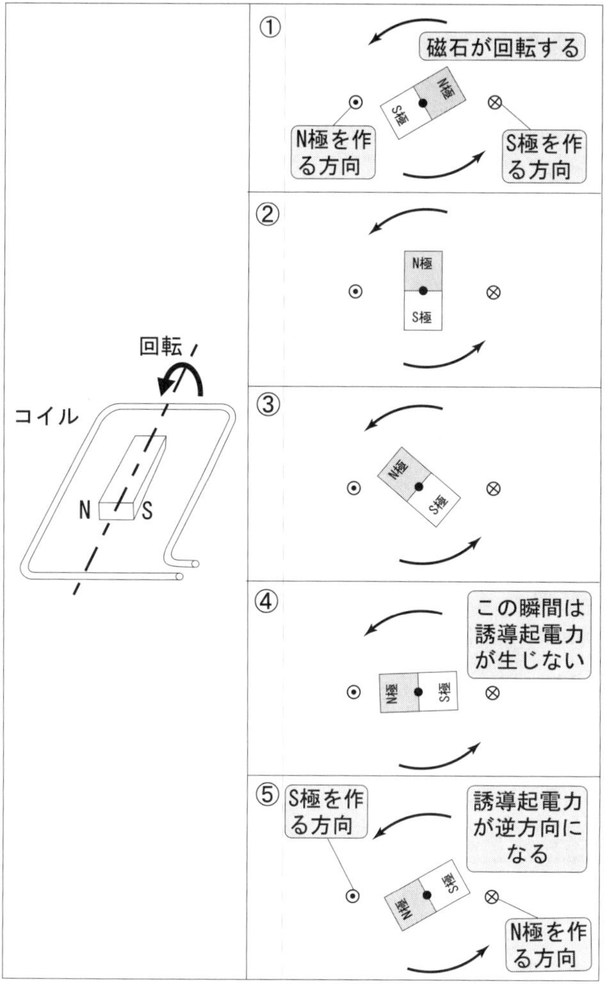

図11.1　交流を発電する原理

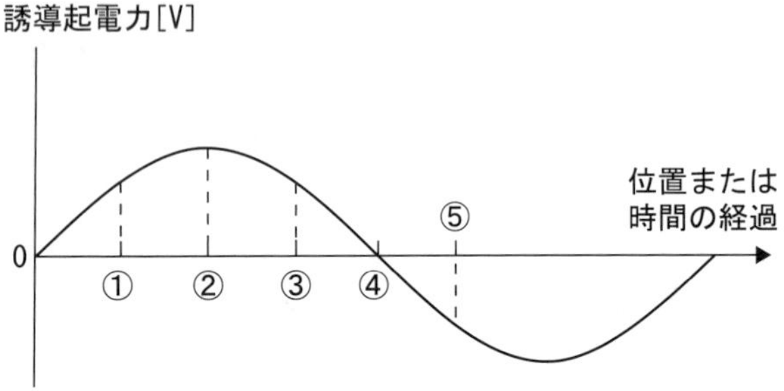

図11.2　磁石の回転により生じる誘導起電力の変化

この磁石の回転の様子を断面図で説明しよう。最初の位置①では、２つのコイルはそれぞれ磁石のＮ極とＳ極の端に面している。図は磁石が左回り（反時計方向）に回転している様子を順に示している。①から②に回転するということは、左側のコイルから見れば磁石のＳ極が遠ざかってゆくことになる。②へと磁石が回転するに従って、左側のコイルは磁石のＳ極から遠くなってゆくので、このコイルは磁石を引き寄せるようにＮ極になろうとする。コイルには電磁誘導によりこの方向の誘導起電力が生じる。

磁石が遠ざかるにつれて、誘導起電力も徐々に低下する。②から③の位置へ向かおうとすると、左側のコイルにはＮ極が近づいてくるので、これに対してＮ極になろうとするような誘導起電力が生じる。④の位置まで磁石が回転すると、左側のコイルは磁石のＮ極に面している。この位置では誘導起電力は生じない。なぜなら磁石の磁束が増加から減少に切り替わる頂点であり、磁束の変化がないのである。さらに磁石が回転して、⑤の位置に向かおうとすると、左側のコイルはN極が遠ざかってゆくので、S極を作る方向に誘導起電力が生じる。④の位置を境に、左側のコイルに生じる誘導起電力の方向が反転する。電磁誘導は常に磁石の動きを妨げるような方向に生じているからである。この誘導起電力の変化をコイルに生じる誘導起電力で観測すると、図11.2のように変化する。つまり、交流が発生する。これが交流発電機の原理である。

三相交流を発生させるには、図11.3のようにモーターで使ったのと同じ三相コイルを用いる。三相コイルの内側で磁石を回転させれば、それぞれのコイルの場所が異なっているので、それぞれに生じる誘導起電力が磁石の位置に応じて、時間差をもって変化する。その結果、3つのコイルに生じる誘導起電力は、それぞれ120°の位相差を持つ三相交流が誘導される。

実際の発電機では、磁石の代わりにコイルに直流電流を流した電磁石を使う。回転する電磁石を界磁と呼ぶ。また発電用のコイルはここに示したような単純な三相コイルではなく、多くのコイルを分布させて効率よく発電できるように設計されている。発電用のコイルを電機子と呼ぶ。

このような原理の発電機は**同期発電機**と呼ばれる。同期発電機は発電所で使われている発電機である。同期発電機の回転数と発電周波数は比例する。同期モーターが電流の周波数と回転数が比例するのと同じ関係である。発電機の回転数を一定に保てば、発電した周波数も一定になる。そ

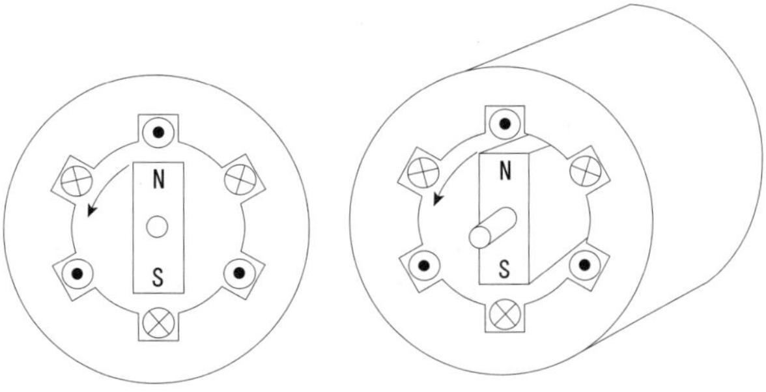

図11.3　三相交流発電機の原理

のため、発電所では発電機の回転を常に精密に制御している。

発電機の回転数と発電する交流の周波数は、同期モーターと同じように求めることができる。

$$（毎分回転数）=\frac{120\times（電流の周波数）}{（極数）}$$

つまり、発電機のコイルの極数を多くすれば、発電機の回転数が低くても同じ周波数が発電できることになる。

■11.2　発電所

発電するためには、何らかの方法で発電機を回転させる必要がある。発電機を回すということは、発電機に外部からエネルギーを供給していることになる。つまり、発電機は運動エネルギーを電気エネルギーに変換する「エネルギー変換器」である。巨大な発電機は巨大な運動エネルギーを処理しているのである。

発電機を回す仕組みにより、発電機や発電所の種類を示すことが多い。以下に各種の発電方式の概要を示す。

- **火力発電**：石油、天然ガス、石炭などを燃焼させる。発生した熱を使ってボイラで蒸気を作り、蒸気タービンを回す。また、燃焼ガスの膨張を利用してガスタービンを回す。化石燃料の持つ化学エネルギーを利用している。
- **水力発電**：高い水位の水を導いて低い位置にある水車を回す。水の位置エネルギーを利用している。
- **原子力発電**：原子炉の熱によって蒸気を作り、蒸気タービンを回す。原子燃料のエネルギーを利用している。
- **風力発電**：自然風により風車を回す。風という空気の運動エネルギーを利用している。
- **エンジン発電**：ディーゼル、ガソリンなどのエンジンによって回す。燃料の持つ化学エネルギーを利用しているので一種の火力発電である。離島の発電所や非常用発電機などに多い。

発電所は規模が大きく、水力発電所のように場所が限定されるものもある。そのため発電所は市街地から離れたところにあることが多い。したがって発電所からの長距離を送電するために、交流が必要なのである。なお、交流の送電線は世界中に張り渡されている。

このほかに発電機を使わない、直接発電と呼ばれる発電所もある。太陽光発電（ソーラー）、燃料電池などによる発電である。これらの発電は発電機を用いない。しかも原理的に交流電流を発電できず、直流を発電する。発電した直流は、次章で述べるパワーエレクトロニクスを利用したインバータによって交流に変換される。

太陽光発電は、太陽電池に光が当たることにより生ずる光起電力を用いている。そのため夜間は発電できず、しかも日射量により発電量が変動してしまう。昼ごろに太陽が南中し、日射量が最大になる時に発電量が最大になる。この発電量の変化は、面白いことに、一日のうちの電気の使用量のカーブとよく似た形となっている。電気を多く使う時に発電量が多いのである。

燃料電池発電は、水素と酸素が化学反応して水に変化する時のエネルギーを利用している。水素燃料の電気自動車に搭載して発電することが考えられている。また発電と同時に発熱するので、その熱を温水として利用するコジェネレーションの装置としても使われている。家庭用の装置は「エネファーム」と呼ばれている。

このほか、振動、熱など様々な物理現象のエネルギーを電気に変換することが開発されているが、いずれも小規模なものしか実現できていない。

第12章　交流を作る
～パワーエレクトロニクス～

長い期間、交流を作るには発電機を回すことが必要であった。しかし、いまでは発電機を使わなくても交流を作り出すことができるようになっている。それにはパワーエレクトロニクスを使う。パワーエレクトロニクスによって、望みの周波数や電圧の交流電力を作り出すことができる。発電所の発電機の回転数は、発電する周波数そのものに相当するので、超大型の発電機の回転を超精密に制御する必要があった。しかし、パワーエレクトロニクスはコンピューターを使って、交流の周波数を瞬時に、精密に制御することができる。パワーエレクトロニクスは、20世紀の終わりごろから広く使われるようになった技術である。ここではまずパワーエレクトロニクスの基本について説明してゆく。

■12.1　パワーエレクトロニクスとは

「パワーエレクトロニクス」とは、電力の形を変更する技術である。1960年代にトランジスターが発明された。1970

年代になると、高い電圧や大きな電流で使えるトランジスターが開発された。その頃から「パワーエレクトロニクス」という言葉が使われるようになった。そして、20世紀の最後にIGBT[5]という半導体デバイスが開発され、それによってパワーエレクトロニクスが広く使われるようになった。

電力には直流と交流があることはこれまで述べてきた。では直流や交流の電力の形とは、どのようなことを指すのであろうか？

直流の場合、電圧と電流の値を決めれば直流電力の形が決まる。つまり、直流電圧と直流電流を決めれば、直流電力の形を決めることができる。電力の形を決められるということは、制御できるということである。ところが交流の場合は電圧・電流のほかに周波数や位相も電力の形を決める要因になる。交流電力を制御するということは、これらのすべての要因を調節することである。このような望みの電力の形というものを作り出すのが**パワーエレクトロニクス**である。実際には、すべての要因ではなく、電圧だけ、あるいは電流だけを望みの形に制御するという使い方も広く行われている。

パワーエレクトロニクスは、ある形の電力を別の形の電力に変換する技術である。これを**電力変換**と呼ぶ。パワー

---

5 正確には絶縁ゲート形バイポーラトランジスター（Insulated Gate Bipolar Transistor）であるが、一般にはIGBTと呼ばれている。

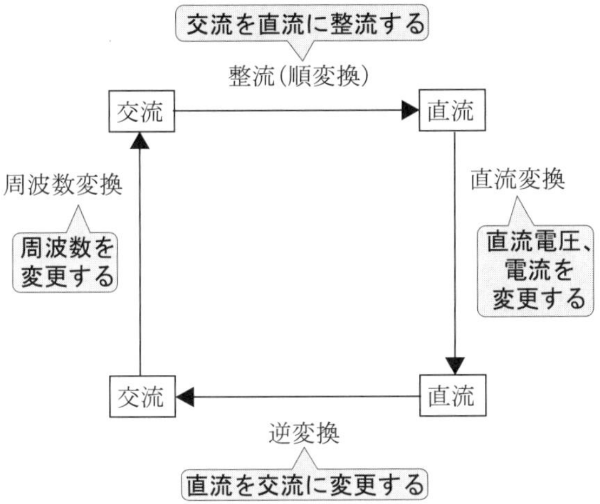

図12.1　電力変換

エレクトロニクスが行う電力変換を、図12.1に示す。図の左上に示す交流を右の直流に変換することを**整流**、さらに直流の電圧や電流を別の電圧・電流に変更することを**直流変換**と言う。また交流を別の周波数の交流に変更することを**周波数変換**、直流を交流に変更する変換を**逆変換**と言う。

なぜ「逆」と呼ぶかを説明しよう。パワーエレクトロニクスが出現する前には、真空管を使って交流を直流に変換することしか行われていなかった。交流によって、直流モーターを回すために交流を直流に電力変換していたのである。この当時は交流を直流に変換するだけのニーズしかなかったので、これを電力変換と呼んでいた。そのため、パ

表12.1　主なパワーエレクトロニクス機器や回路

電力変換	機器や回路の名称
交流→直流	整流器、ダイオード、コンバータ
直流→直流	チョッパー、DCDCコンバータ、スイッチングレギュレーター
直流→交流	インバータ
交流→交流	サイクロコンバータ、マトリクスコンバータ

ワーエレクトロニクスによって可能になった直流から交流への変換は従来とは逆方向の電力変換であり、逆変換と呼ぶようになった。これに対応して、従来の交流から直流への変換を順変換と呼ぶようになった。逆変換は英語ではインバート（invert）である。そこで、直流から交流に変換する回路や装置を**インバータ**と呼ぶようになった。

現在、パワーエレクトロニクスは電気を利用するために、あらゆるところで使われている。表12.1には電力変換に使われるパワーエレクトロニクスを使った回路や装置の名称を示している。パワーエレクトロニクスはモーターを回すことに使われることが多いが、交流を作り出すことにも使われている。各種の電源装置にはパワーエレクトロニクスが必ず使われていると考えてよい。

■12.2　パワーエレクトロニクスの基本

パワーエレクトロニクスの基本動作はスイッチすることである。スイッチというとオン・オフして何かを入り切りするために使うと思われがちであるが、パワーエレクトロニクスではスイッチのオン・オフを高速で繰り返す「スイッチング」という動作を行う。

スイッチングについて説明しよう。図12.2(a) に示すように、直流電源と負荷抵抗の間にスイッチがあるとする。スイッチをオンすると、負荷抵抗には直流電源の電圧が加わる。スイッチ・オフでは負荷抵抗の電圧はゼロとなる。いま、このスイッチのオン・オフを一定間隔で繰り返し行うとする。この時、負荷抵抗に加わる電圧の平均は、オンの時間とオフの時間の比率で決まる。スイッチのオン・オフを何回も繰り返したとすれば、負荷抵抗にこの平均電圧が加わることになる。

この動作を負荷抵抗の両端の電圧で具体的に考えてみよう。図12.2(b) に示すように、負荷抵抗にはスイッチがオンの期間だけ100V が加わる。オフの時にはゼロである。直流電源の電圧を100V とし、10Ω の負荷抵抗に60V の平均電圧を与えることを考える。この時、スイッチのオン時間・オフ時間を次のようにして繰り返し行う。

$$\frac{\text{(スイッチ・オン の時間)}}{\text{(スイッチ・オンの時間)} + \text{(スイッチ・オフの時間)}}$$

$$= \frac{\text{(平均電圧)}}{\text{(電源電圧)}} = \frac{60\ [\mathrm{V}]}{100\ [\mathrm{V}]} = 0.6$$

60V の平均電圧を得るためには、オン時間とオフ時間の比率を0.6にすればよい。このオン・オフ時間の比率を**デュ**

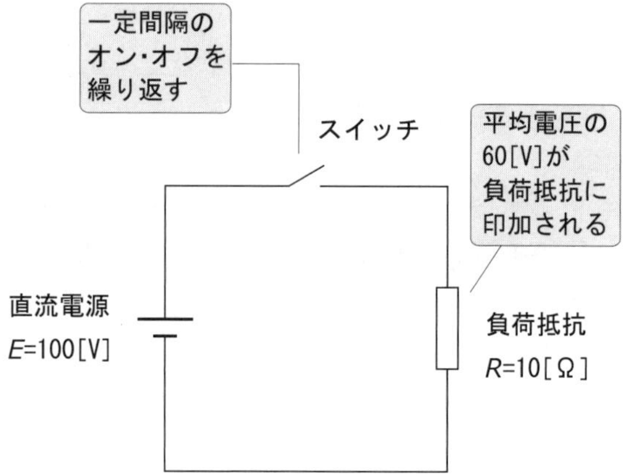

(a)回路

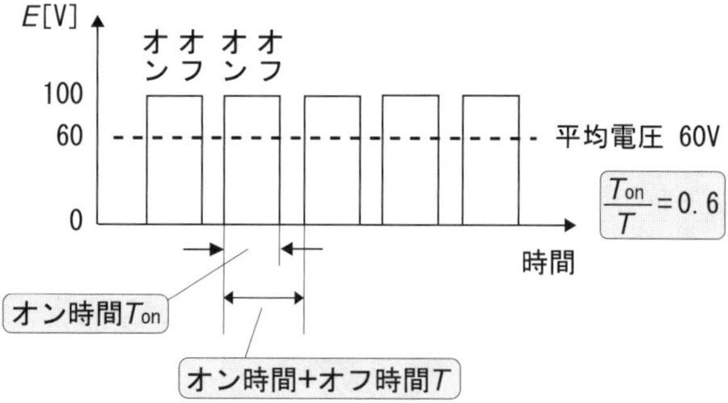

(b)出力の波形

図12.2　スイッチングによる電圧の変更

ーティファクターと呼ぶ。オン時間が0.6秒であればオフ時間を0.4秒にすればよい。この比率であれば、どんなに高速に入り切りしても同じ平均電圧が得られる。スイッチングによってデューティファクターを調節すれば、望みの平均電圧に変換することができるのである。

平均電圧が60V なので、10Ωの抵抗には6A の平均電流が流れていることになる。ただし、電流もスイッチがオンの期間だけ流れて、電圧と同じように断続している。このような回路や制御法は電圧を断続させるので、**チョッパー**（肉きり包丁）と呼ばれ、オン・オフの回数を**スイッチング周波数**と呼ぶ。スイッチング周波数の単位は［Hz］を使う。通常は１秒間に1000回以上（1000Hz ＝1kHz）のスイッチングを行うことが多い。なお、ここでは交流の周波数と同じ［Hz］の単位を使っているが、図12.2(b) に示すように、波形は交流とは異なり正弦波ではない。ここでのスイッチング周波数の意味するところはスイッチングのオンの回数を示している。このように短時間だけ生じる電圧や電流を**パルス**と言う。スイッチング周波数は１秒間のパルス数である。交流の場合の電流の向きの入れ替わりの回数とは異なっている。

「パワーエレクトロニクスはスイッチングによって制御する」

このように直流電圧をスイッチングすることにより、平均的に電圧・電流を変更できる。変更する電圧はデューティファクターにより決まる。ただし、このままでは電圧・

電流とも断続した波形となってしまう。白熱電球に加わる平均電圧を下げて明るさを調節しようとしても、確かに暗くなるが、スイッチング周波数で明るさがちらちらしてしまう。そのため、このような断続波形を滑らかな直流にすることが必要となる。断続する波形を滑らかにすることを**平滑化**と言う。平滑化には第３章で述べたインダクタンス（コイル）とコンデンサをうまく使うことが必要とされる。以下の部分は電気回路の動きを説明するのでやや難しくなるが、ご容赦願いたい。

断続している波形を平滑化するにはインダクタンス、コンデンサのほかにダイオードを用いる。ダイオードは一方向のみ電流を流し、逆方向は流さない、電圧の方向に応じて切り替わるスイッチのような動作をする半導体デバイスである。

まず、図12.2（a）の回路にインダクタンスとダイオードを追加した図12.3を考える。この時のスイッチの動作を順に追ってゆこう。

(1)スイッチがオンしている期間ではスイッチを流れる電流は次の経路を流れる。

電源のプラス→インダクタンス
→負荷抵抗→電源のマイナス

ダイオードは逆極性なのでオフ状態である。この時スイッチをオンすると、インダクタンスの働きによりスイッチを流れる電流はゆっくり上昇する（図3.4参照）。オン

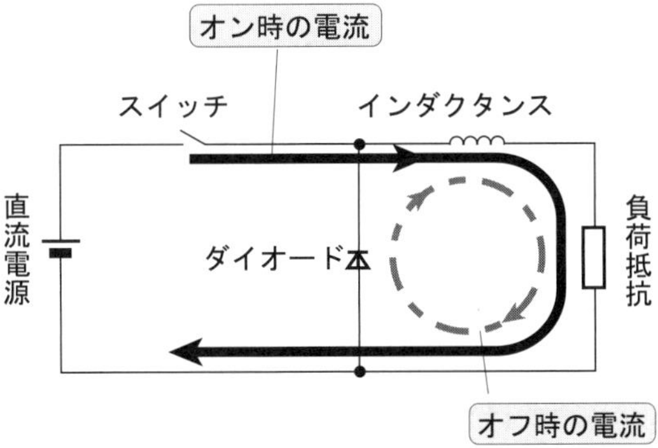

図12.3　インダクタンスとダイオードの追加

時に流れる電流がゆっくりと滑らかに立ち上がるのである。なお、スイッチがオンしている期間はインダクタンスに電流が流れているので、インダクタンスにはエネルギーが蓄積されている。

(2)スイッチをオフすると、インダクタンスには電流が電源から供給されなくなる。しかしインダクタンスにはエネルギーが蓄積されているため、そのエネルギーを放出する必要がある[6]。インダクタンスからのエネルギーの放出によって電流はすぐにゼロにはならず、徐々に減少してゆく。この時インダクタンスに蓄えられたエネルギーによって流れる電流は次の経路を流れる。

インダクタンス→負荷抵抗
→ダイオード→インダクタンス

この時ダイオードにはオンする方向に電圧がかかっている。この期間ではインダクタンスは蓄えられたエネルギーを放出し、それまで流れていた電流と同一方向に電流を流し続けようとするので、電源として働く。直流電源から切り離されてもインダクタンスが電源となって電流が流れる。このように、スイッチのオフ期間にも負荷抵抗に電流が流れている。

(3)負荷抵抗にはスイッチを流れる電流とダイオードに流れる電流が交互に供給されていることになる。

インダクタンスの働きにより負荷抵抗を流れる電流は図12.4(a) のようにゆっくり上昇し、ゆっくり低下する。インダクタンスにより電圧、電流は断続しなくなり、変動するようになる。このような周期的な変動を脈動（リプル）と言う。

---

6 インダクタンスに蓄積されるエネルギーは$\frac{LI^2}{2}$である。電流Iがゼロになったらエネルギーはゼロである。そのため、残っているエネルギーに応じて電流を流し続け、残っているエネルギーをゼロにするように働く。これはエネルギー保存の法則によっても説明できる。

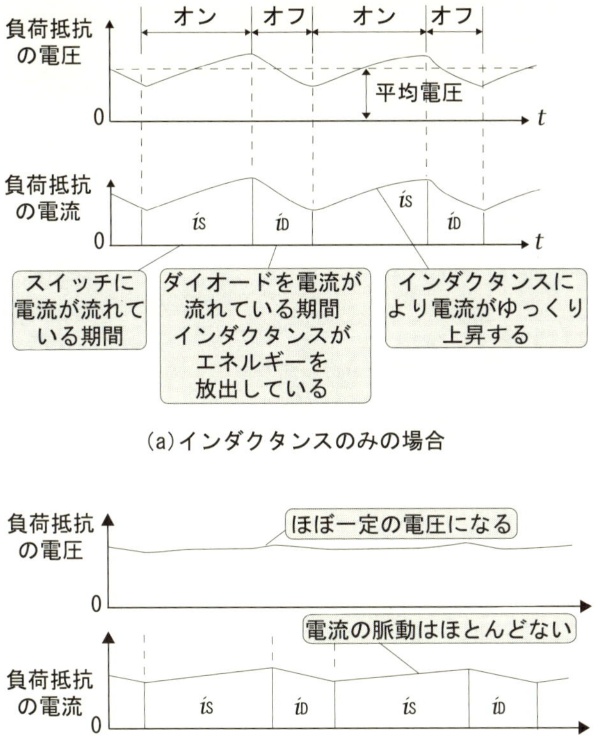

(a)インダクタンスのみの場合

(b)コンデンサを追加した場合

図12.4　電流と電圧の平滑化

インダクタンスの値が大きいほど電流はゆっくり増加してゆく。「インダクタンスの働きは電流の変化が少なくなるような方向に働く」というように理解しよう。インダクタンスには電流を流し続けるような方向の誘導起電力が生

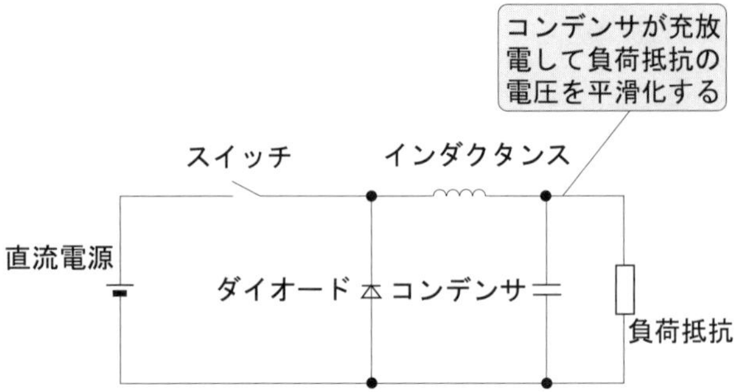

図12.5　コンデンサの追加

じる。その誘導起電力の方向はダイオードをオンさせる方向である。

脈動を低下させるには、図12.5に示すようにさらにコンデンサを追加する。コンデンサは電流が流れると、充電により電圧がゆっくり上昇し、エネルギーを蓄積する（図3.6参照)。コンデンサに電流が供給されなくなると、蓄積したエネルギーを放出し、電圧が徐々に低下する。つまり、コンデンサは電圧の変化を抑える働きがある。コンデンサを追加することにより、図12.4(b) に示すように電圧はさらに平滑化され、ほぼ一定になる。電圧が平滑化されることで、電流の変動も小さくなる。ここではコンデンサの容量が十分大きいと考えているので、負荷の両端に現れる電圧はほぼ一定の値となっている。このような働きをするコンデンサを、**平滑コンデンサ**と呼ぶ。また、インダクタンスとコンデンサをあわせて**平滑回路**と呼ぶ。平滑回路を用いることにより、脈動の小さいほぼ一定の直流電圧および直流電流を得ることができる。

このようにスイッチングすることにより、電圧を制御することが可能である。電圧が制御できれば、オームの法則に従って電流の制御も可能であることがわかる。平滑回路のインダクタンスやコンデンサを大きくすればするほど脈動は小さくなる。しかしそれらを限りなく大きくするのは現実的ではない。これらは用途に応じて最適なものが選ばれている。

このほか、デューティファクターによって電圧を上げることができる昇圧チョッパーや、電圧を上げることも下げることも可能な昇降圧チョッパーなど様々なチョッパーの回路が考えられている。

パワーエレクトロニクスはこのようなスイッチングを、半導体デバイスをスイッチに用いて行う技術である。半導体デバイスを使うことにより、高速スイッチングを長期間繰り返すことができる。「**スイッチングを高速に行うのがパワーエレクトロニクスである**」と言ってもいい。

■12.3　パワーエレクトロニクスの広がり

これまで述べたように、パワーエレクトロニクスはスイッチングを基本とした技術である。パワーエレクトロニクスは従来のエレクトロニクスと異なり、高電圧、大電流のスイッチングを行う。高電圧、大電流を高速でスイッチングできるIGBTの出現と、スイッチングを制御するコンピューターの高性能化がパワーエレクトロニクスを一般化させた。現在ではほとんどの電気製品がパワーエレクトロニクスを使っていると言っていいだろう。例えばコンピューターなどの電子機器でも、電源回路はパワーエレクトロニクスそのものである。

身近なところでは、充電器やACアダプターの進歩がある。以前は内部に100Vの交流を10V程度の交流に変換する変圧器があった。変圧器の鉄心は鉄の塊であり、重い。また変圧器の大きさは電力の大きさに比例する。そこで変圧器の働きをパワーエレクトロニクスに置き換えることにより小型軽量化できた。100Vの交流をそのまま整流して直流にし、チョッパーで望みの直流に変換する。そのため、充電器やACアダプターは小型化し、重さはそれほど問題にならない程度になった。変圧器を使わないという技術が当たり前になったのである。

電車は実用化以来、100年近くも直流モーターを使ってきた。直流モーターは電圧を変更すれば回転数を調整できるので、電車のように可変速を頻繁に行う用途には直流モーターが使われてきた。パワーエレクトロニクスの実用化に真っ先に飛びついたのが、地下鉄の電車である。電車のパンタグラフからは一定電圧の直流が供給されている。モーターの回転数を下げるためには、モーターに加える電圧を下げる必要がある。それまでは、第10章で述べたように、抵抗やモーターのつなぎ換えで低電圧を作り出していた。このような制御により、不要な電圧は抵抗に流され熱が発生していた。また、ブレーキは運動エネルギーを熱エネルギーに変換することでスピードを落としている。そのため、重量の大きい電車の運動エネルギーがすべてブレーキからの熱に変換される。これらの発熱は特に地下鉄のトンネル内の温度上昇を招くので、いろいろな対策が講じられてきた。そこで地下鉄の電車にまずチョッパーが採用された。

チョッパーによって直流電圧を直接制御できるので、発熱量が激減する。さらにチョッパーで電圧を高くすることもできるので、減速時に消費すべき運動エネルギーを電気エネルギーに変換しても、得られた電力をパンタグラフから架線に戻すことができるようになる。この時はモーターを発電機として働かせて発電する。これを回生ブレーキと言う。チョッパーを使った電車は地下鉄以外でも使われ始め、1970年頃から世界中で使われるようになった。

実はその後、電車はインバータを使った交流モーターを使うようになってゆく。直流を交流に変換するインバータは自由自在に交流を作ることができるので、扱いやすい交流モーターが採用されたのである。インバータはそれ以外にも多くのところで使われている。インバータの広がりこそパワーエレクトロニクスの広がりそのものである。インバータについては次章で詳しく述べてゆく。

第13章　インバータ

パワーエレクトロニクスで最も多く使われているのがインバータである。インバータは直流を交流に変換するパワーエレクトロニクスである。インバータとは狭義には直流を交流に変換する回路を指しているが、一般にインバータと言うと、交流、直流の入力を問わず、交流電力を出力できるパワーエレクトロニクス装置を指すことが多い。インバータは交流モーターを回すことに使われる場合が多いが、太陽電池などで発電された直流を交流に変換して電力系統に供給する時にも使われる。ここではまずインバータの基本原理を説明し、さらに実際に使われているインバータの詳細について紹介する。インバータの広がりにより私たちの生活が変わっていったことがわかると思う。

■13.1　インバータの原理

インバータは「直流を交流に変換するパワーエレクトロニクス」である。まずインバータの基本原理から説明する。

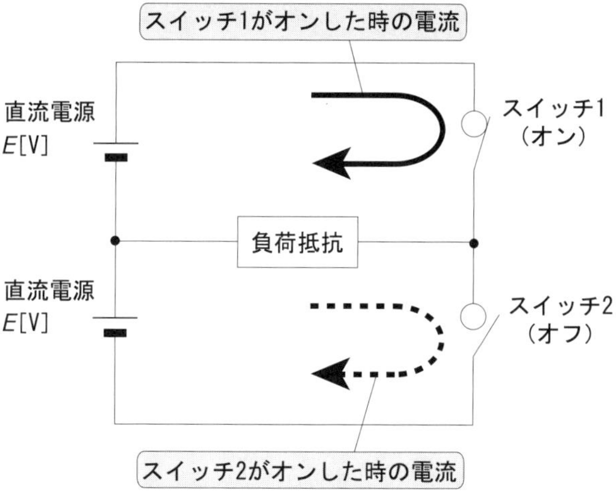

図13.1　インバータの原理
（ハーフブリッジインバータ）

2つの直流電源と2つのスイッチが負荷抵抗に接続されている回路を考える。この回路を図13.1に示す。2つの直流電源はそれぞれE[V]の電源であり、直列に接続されている。いま、スイッチ1をオンすると、図に示すように負荷抵抗には右から左へ電流が流れる。次にスイッチ1をオフしてから、スイッチ2をオンする。実は、この回路ではスイッチ1とスイッチ2は同時にオンしない約束になっている。この回路でスイッチ1と2を同時にオンすると、抵抗がほとんどゼロに近い状態で電源のプラスとマイナスが接続されてしまう。このような状態をショート（短絡）と言う。プラス・マイナス間の導線の抵抗はほとんどゼロ

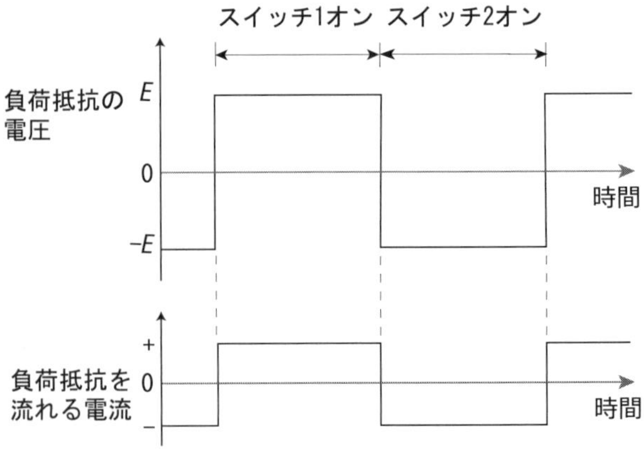

図13.2　負荷抵抗を流れる電流

なので、ショートすると極端に大きな電流が流れてしまう。オームの法則から抵抗がゼロであれば電流は無限大となる。

スイッチ2をオンすると、今度は負荷抵抗には左から右へ電流が流れる。スイッチ1をオンした時とスイッチ2をオンした時では電流の向きが反転する。つまり、この時負荷抵抗に流れているのは交流電流である。負荷抵抗の両端の電圧はスイッチの切り替えに応じて、$+E$と$-E$に入れ替わる。負荷抵抗の両端の電圧と電流は図13.2に示すような波形になる、この波形は矩《く》形《けい》波《は》の交流と呼ばれる。これも交流の一種である。また、電流も負荷抵抗の大きさとEからオームの法則で決まる大きさの矩形波の交流電流である。

このようにして交流を作るには、スイッチ1とスイッチ2のオン時間を等しくしなくてはならない。また、この交互のオン・オフの繰り返し時間を調整すれば、望みの周波数の交流電流を流すことができる。この回路を**ハーフブリッジインバータ**と呼ぶ。ハーフブリッジインバータの動作はインバータの原理を示している。しかし、回路として考えると、直流電源が2つ必要となる。しかも、それぞれの直流電源は交互にしか使われないから、常に$\frac{1}{2}$の時間しか利用されない。これを「電源の利用率が悪い」と言う。

直流電源が1つでも同じ動作ができるようにした回路を図13.3に示す。図13.3(a) に示すように、スイッチをオン・オフするのではなく、プラスとマイナスに切り替えられるようにすればよい。ただし、スイッチ1と2を連動させて動作させる必要がある。この回路でも負荷抵抗の両端の電圧は図13.2の波形となる。一般には図13.3(b) のように書き換えた回路図を使う。このような回路を**フルブリッジインバータ**と呼んでいる。この回路はその形からHブリッジ回路とも呼ばれる。図の (a) と (b) は、番号を付けたスイッチ端子が1対1に対応しており、同じ回路を表していることを理解していただきたい。

図13.3で示した回路はスイッチの切り替えが必要である。しかし、切り替えスイッチに半導体を使おうとしても実現するのが難しい。なぜなら、半導体のほとんどは一方向しか電流を流すことができないからである。そのため半導体スイッチはオン・オフ（入り切り）を行うのが普通の使い方である。半導体スイッチで同じことを実現するため

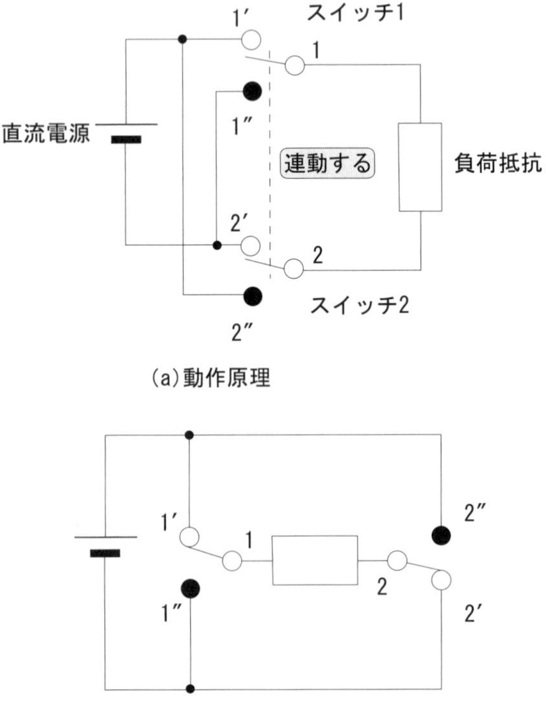

(a)動作原理

(b)通常示される回路図

図13.3　フルブリッジインバータの原理

に、図13.4の回路を用いる。この回路も図13.3(b)と同じくフルブリッジインバータである。図13.3のプラス・マイナスの切り替えを、電源のプラスとオン・オフするだけのスイッチと、電源のマイナスとオン・オフするだけのスイッチの２つに分けている。合計４つのスイッチを使って同じ

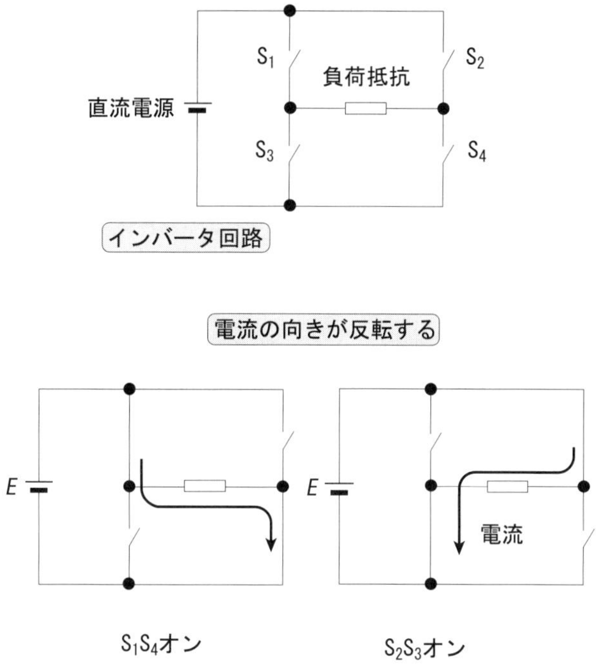

図13.4　フルブリッジインバータ回路

動作を行っている。

この回路の動作を説明しよう。図に示すようにS_1～S_4の4つのスイッチと、負荷抵抗を直流電源に接続する。この時S_1とS_4がオンしている時には、それぞれS_2とS_3をオフさせることにする。逆にS_1とS_4がオフの時には、S_2とS_3はオンさせる。この動作をすると、図13.3で示した回路とまったく同じ動作をすることになる。S_1とS_4がオンしている時には、負荷抵抗の左から右に向けて電流が流れる。S_2とS_3がオンしている時には、負荷抵抗の右から左に向けて逆方向の電流が流れる。このオン・オフを交互に行うと、負荷抵抗に流れる電流はやはり図13.2に示した電圧・電流が流れる。このようにすれば望みの周波数の交流が作りだせることがわかる。ただし波形は矩形波であり、矩形波の電圧（振幅）は直流電源と同じE[V]である。

■13.2　PWM制御

ここまで述べたインバータの原理だけでは、出力する交流電圧の大きさは一定である。出力する交流電圧を制御するにはデューティファクターの制御を行う。インバータ回路のスイッチのオンとオフの間に、4つのスイッチすべてがオフの状態を作ることにする。これにより、図13.5に示すように、スイッチの切り替えの間にオフの時間ができる。これはオンの時間をデューティファクターによって制御することになる。デューティファクターに応じて平均電圧が調節できる。このようにすれば、インバータで作られた交流でも平均電圧や平均電流を望みの大きさに制御することができるようになる。

しかし、これではまだ波形は矩形波のままである。正弦波の交流にはなっていない。このような正弦波でない交流は「ひずみを含む」と言う。矩形波を分析すると正弦波とひずみを合わせたものとなっている。図13.6に示すように、矩形波には同じ周波数の正弦波が含まれている。矩形波は正弦波とひずみを合成したものと考えてよい。

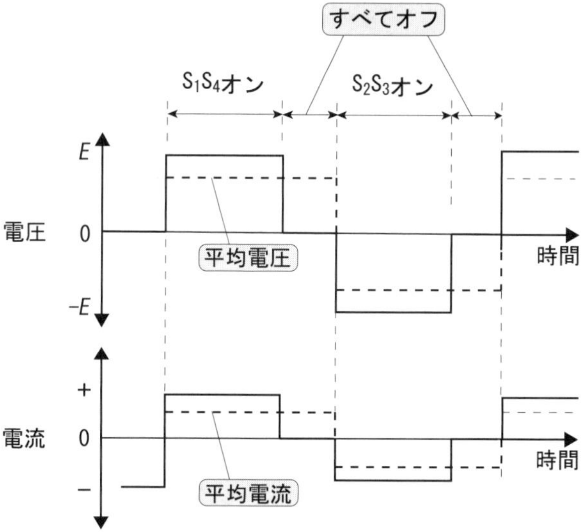

図13.5　デューティファクターの制御

このような場合、第12章で述べたように、インダクタンスやコンデンサを使った平滑回路によって電圧や電流の変化を滑らかにすることは可能である。しかし、いくら平滑回路で変化を滑らかにしても正弦波には近づかない。そこで、フィルタと呼ばれる回路を使えば、ひずみ成分を取り去り正弦波にすることができる。フィルタとは正弦波だけ通過させ、ひずみは通過させないような働きをする回路である。フィルタにより矩形波の電圧は正弦波に整形される。電圧が正弦波に整形されれば、オームの法則から電流も正弦波になる。

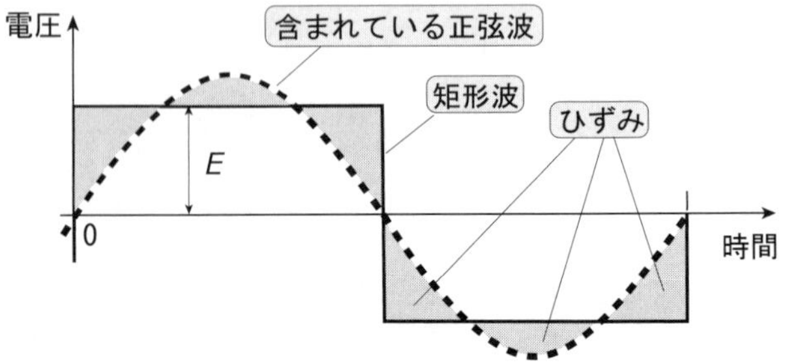

図13.6　正弦波とひずみ

さらにフィルタを使わなくても、制御だけでも正弦波に近い交流を作ることができる。そのために用いられているのが **PWM 制御**[7]である。実はフィルタはインダクタンスやコンデンサを使っており、扱う電力が大きいとフィルタの寸法が大きくなってしまう。また、正弦波に近づけようとするほど大型のフィルタが必要になる。制御だけで正弦波に近づけることができればインバータが小型化できるので、応用上の効果が大きい。

いま、図13.4に示したフルブリッジインバータでPWM制御することを考えよう。PWM 制御の原理を図13.7に示す。(a) に示すように出力したい正弦波と、それよりも周波数の高い三角波の信号を作る。この２つの信号波形の大きさを時々刻々と比較する。(b) に示すように、正弦波

7 PWM：Pulse Width Modulation（パルス幅変調）

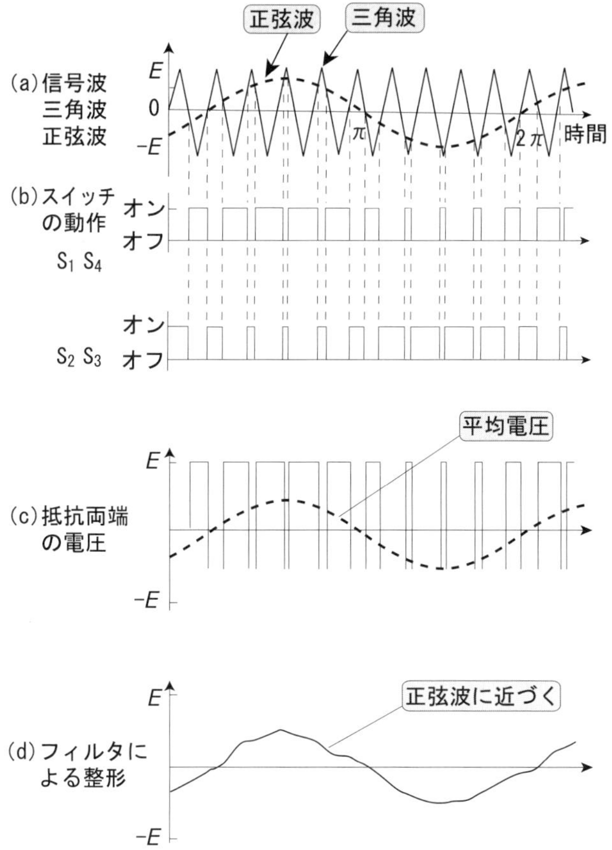

図13.7　PWM制御

信号のほうが三角波信号より大きい時にスイッチS_1、S_4をオンし、小さい時にはスイッチS_2、S_3をオンする。このような規則でスイッチングすると、オン時間は一定ではなく、正弦波の増減に応じて常に変化する。その結果、負荷抵抗の両端には（c）に示すように、オン時間が正弦波状に変化するパルス電圧列が現れることになる。パルス幅の変化は点線で示す平均電圧のようになる。平均電圧が出力したい正弦波となる。

このような電圧波形は、フィルタによって正弦波に整形することができる。先に述べた矩形波を正弦波にするフィルタと異なり、このような繰り返し現れる周波数の高いひずみは比較的小型のフィルタで取り去ることができる。フィルタにより整形すると電圧は滑らかになり、正弦波に近くなる。小型のフィルタでは小さなひずみが残るが、フィルタを大きくしてゆけばひずみはほぼ消滅する。フィルタは用途により大きさを選択する。商用電源に交流電力を供給するような場合、ひずみのほとんどない交流が必要であり、比較的大型で精密なフィルタを使う必要がある。

フィルタを使わなくても、PWM制御だけで平均電圧が正弦波状に変化する交流電圧が出力できる。インバータでモーターを回す時、フィルタを使わないことがある。モーター自体がフィルタの役割をする。モーターのコイルは回路素子として考えるとインダクタンスとして働く。図13.8には実際のIGBTを使ったインバータの回路を示している。IGBTはオンした時に図で上から下への方向の電流しか流すことができない。そこで逆方向の電流も流せるようにそれぞれのIGBTに並列にダイオードを接続する。図で負荷として接続しているのは、モーターを抵抗とインダクタンスの直列回路であると考え、置き換えた回路である。

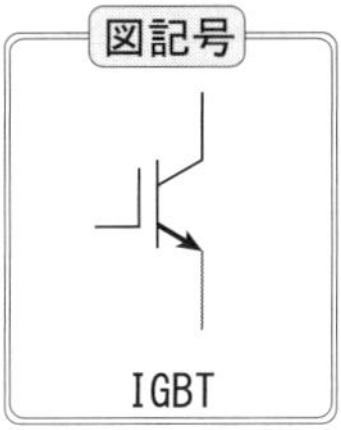

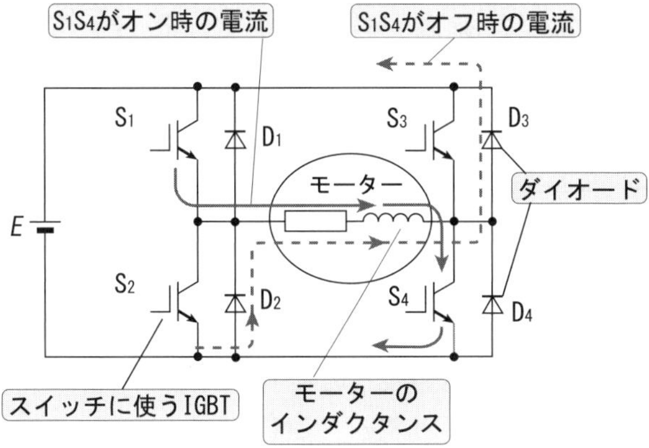

図13.8　実際のインバータの回路

いま、S_1、S_4がオンしているとすると、負荷のモーターには左から右へ電流が流れる。この期間はS_2、S_3はオフである。次の動作でS_1、S_4がオフする。この時、S_2、S_3もオフなのでオールオフの状態になる。この時、モーターのインダクタンスの誘導起電力によってD_2、D_3のダイオードがオンする。そのため、インダクタンスに蓄積されたエネルギーが電源となって、やはりモーターには左から右へ電流が流れる。この電流は第12章で述べたチョッパーの平滑回路に流れる電流と同じ原理で流れている。そのためモーターを接続するだけで平滑回路を追加したような動きをする。PWM 制御で得られるようなパルスが連続する電圧をモーターに印加（電圧をかける）しても、モーターのインダクタンスによって電流がゆっくり変化する。そのため、電圧がパルス列のままでも、電流は正弦波に近くなる。このようにPWM 制御によって作られた交流はモーターを駆動する場合、かなり正弦波に近いと考えることができる。交流モーターの場合、電流のみが正弦波になれば精密に制御することが可能である。

現在、インバータのスイッチにはIGBT を使うことが多い。IGBT は10kHz 以上のスイッチング周波数で使うことができる。IGBT の高速スイッチングによってインバータの制御性能が高くなり、電流を自由に制御できるようになった。そのため、商用電源の交流を使っていても内部でいったん直流に変換して、インバータで再度交流に変換することがよく行われるようになった。私たちは無意識に交流のコンセントにプラグを挿しているが、その内部の機器は商用電源の交流をそのまま使っているのではなく、インバータで様々な周波数の交流に変換されていることが多いのである。

なお、ここで説明したのは直流から単相交流へ変換するインバータであるが、直流から三相交流への変換も同じ原理で可能である。三相フルブリッジインバータ回路を用いれば、１つの直流電源から三相交流へ変換できる。

■13.3　インバータの広がり

インバータの普及によって、電気を利用する機械が変わっていった。まずインバータに目をつけたのが、工場や設備で使われているファンやポンプである。ファンやポンプを回すためのモーターは、交流モーターの一種である誘導モーターが多く使われていた。誘導モーターは交流モーターなので、回転数は電流の周波数に対応してほぼ一定である。そのため、空気や水の流量を調節するためにはオン・オフを繰り返したり、流路にじゃま板（バッフル）を置いて流路を狭くしたりすることにより調節していた。

ファンの風量を調節した時のモーターの消費する電力の比較を図13.9に示す。流路の出口や入り口にじゃま板を置くと、風量は調節できてもモーターの回転数が変わらないので消費電力はあまり低下しない。ところが、モーターの回転数を下げると消費電力が大きく低下することがわかる。

ファンやポンプなどの機械（流体機械と言う）は回転させるために必要な動力（単位は［W］である）が回転数の３乗に比例する性質がある。例えば、回転数を$\frac{1}{2}$にすると必要な動力、すなわちモーターの消費電力は$\frac{1}{2}\times\frac{1}{2}\times\frac{1}{2}=\frac{1}{8}$に低下する。このことは古くから知られていた。しかし1970年頃までは回転数を自由に制御できるのは直流モーターしかなかった。直流モーターは交流モーターより

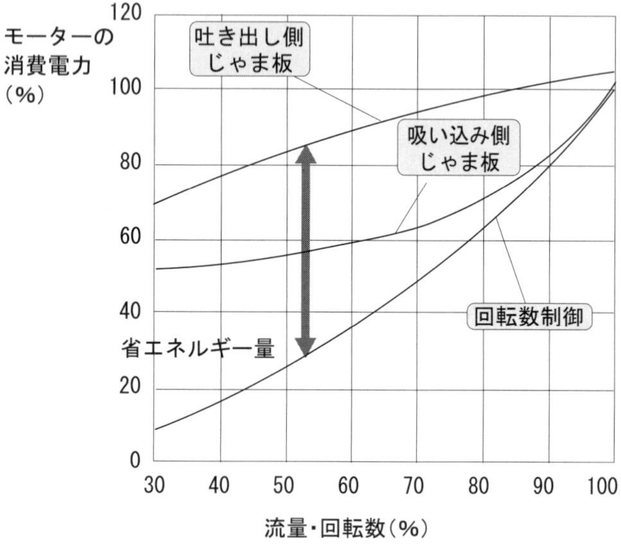

図13.9　回転数制御による省エネルギー

高価である。単なる風量調節や電力節約のために、そのような高価なモーターを使うようなことはなかった。

1970年代以降、パワーエレクトロニクスの進歩によりインバータが一般化してきた。インバータは電流の周波数を簡単に変更できるので、すでに使っている交流モーターと組み合わせることで回転数制御ができるようになる。回転数制御による消費電力の低下は、そのまま電気料金の節約となる。節約した電気料金でインバータの購入費用が回収できるようになったのが、インバータを採用するきっかけとなった。1970年代には省エネルギーの社会的要請もあり、工場などで使われるファンやポンプなどにインバータが使われるようになった。

インバータの技術がさらに進歩すると、家庭用のエアコンや冷蔵庫のモーターにもインバータを使うようになった。1970年代まではエアコンや冷蔵庫は誘導モーターを使って、温度に応じてモーターを入り切りしていた。インバータを使えば温度に応じて回転数が制御でき、省エネルギーになる。1980年代になって、インバータを家庭用エアコンにも使うことが始まった。インバータエアコンはわが国が世界に先駆けて製品化した。そして、21世紀の現在では、わが国で販売されているすべての家庭用エアコンはインバータにより制御されている。そのほかの数多くの誘導モーターも、インバータにより制御されることが多くなっている。

太陽電池（ソーラーセル）はクリーンエネルギーとして期待されていたが、交流の発電には長いこと使われなかった。太陽電池が発電するのは直流である。しかも、太陽光の強さに応じて直流電圧が変動する。そのため、直流を直接使う電卓や小型バッテリーの充電などに限られて使われてきた。太陽電池は、インバータの進歩により、交流の発電にも使われるようになった。一般住宅の屋根に載せられる太陽電池は数kW程度の発電を行う。インバータを精密に制御することにより、電力会社が供給するような精密で安定した50Hzまたは60Hzの交流を発生できる。

燃料電池も直流を発電する。家庭用燃料電池はエネファームと呼ばれているが、これにもインバータが組み込まれている。これらの太陽電池や燃料電池に使われるような電力系統と接続するインバータは**パワーコンディショナー**と呼ばれている。パワーコンディショナーは配電線に落雷した時の動作など、各種の安全動作を電力系統と共通にしている。このように発電機器を配電線に接続することを系統連系と言う。インバータによる系統連系のお陰で、様々な新しい発電方法が実現するようになったのである。

■13.4　同期モーターの躍進

20世紀の終わりに、モーターの世界を変える3つの大きな技術の進歩があった。その1つが新しい磁石の発明である。**ネオジム磁石**という強力な磁石が発明された。ネオジム磁石は日本人が発明し、日本の企業が実用化に成功した世界に誇る日本の技術である。実は、この磁石のお陰で医療用のMRI（磁気を利用して体内の写真を撮る機械）も一般的になったのである。

他の2つはすでに述べたIGBTとコンピューターである。IGBTは米国で発明されたが、実用化したのは日本の企業である。IGBTを使うことによりインバータを高速で精密に制御することができるようになり、モーターの電流が自由に制御できるようになった。コンピューターの進歩はパソコンの進歩からもわかるように、超小型のコンピューターでも複雑で大規模な計算が瞬時にできるようになった。そのため、インバータ内部の制御用コンピューターでも高度な制御ができるようになった。

この3つの進歩がモーターの世界を変えていった。それまで、インバータで交流モーターの回転数を制御するのには誘導モーターが使われていた。同期モーターにネオジム磁石を使うとモーターが小型化でき、性能も高くなる。しかし、同期モーターは誘導モーターと異なり、交流電流を精密に制御する必要がある。そのような複雑な制御がIGBTと高性能コンピューターがあれば実現できる。そのためネオジム磁石を使った同期モーターが広く使われるようになっていった。

ネオジム磁石は同期モーターのローター（回転する部分）に使われる。図13.10に同期モーターの各種のローターの断面を示す。磁石がローターの表面に貼られているモーターをSPM[8]と呼ぶ。このような同期モーターは磁力が弱い磁石でも高性能なモーターが実現できるので、古くから使われてきた。しかし、表面に磁石があるため、回転の遠心力で磁石がはがれたり割れたりする。そのため、数100W以下の小型のモーターにしか使われていなかった。

ところが新しいネオジム磁石は磁力が強力なので、ローターの鉄心の内部に埋め込むことができる。そのためIPM[9]が可能になる。内部に埋め込む磁石の形は性能を高めるために、図に示すようにいろいろ工夫されている。ネオジム磁石を使ってIPMにすることで、大型のモーターでも同期モーターを使えるようになったのである。ネオジム磁石を使った同期モーターは効率が高い。また同期モー

8 Surface Permanent Magnet：表面磁石
9 Interior Permanent Magnet：内部磁石

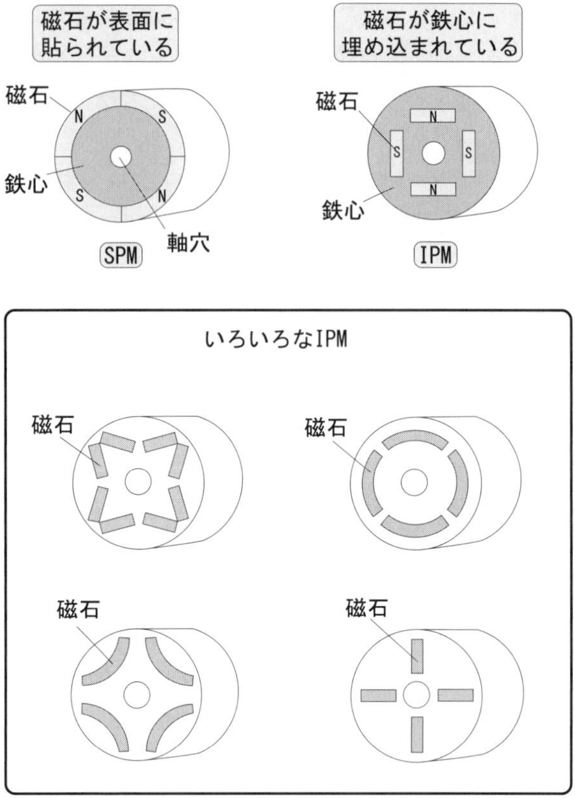

図13.10　同期モーターの磁石の形状

ターは交流電流の周波数と同期するので、広い範囲で回転数の高精度な制御ができる。

同期モーターは第10章の図10.8に示したように、いろいろなところで使われている。一般家庭で最も消費電力が大きい家庭用エアコンでは、誘導モーターに代えて同期モーターが使われている。エアコンの内部にあるコンプレッサには同期モーターが組み込まれている。電気自動車やハイブリッド自動車には、ネオジム磁石で小型化できたモーターや発電機が使われている。ドラム式洗濯機は薄型のモーターを使わないと奥行きが大きくなってしまい、日本の家屋には収まらない。実は家庭用のドラム式洗濯機が開発できたのも、同期モーターのお陰なのである。また、同期モーターは低回転でも効率が高いので、エレベーターを減速機なしに直接動かせる。しかも扁平な形状のモーターも作ることができる。そのため減速機やモーターを収めていた屋上の機械室が不要になり、同期モーターをエレベーターのトンネル内部に収めることができる。駅のホームや歩道橋などに設置されているエレベーターは、同期モーターを使っているものが多い。このように同期モーターは私たちの生活のあちこちにどんどん進出してきている。

インバータをはじめとするパワーエレクトロニクスは、電気を使う時に必ずと言っていいほど必要な技術である。電池に充電する時も、町にいる時も、家でくつろぐ時も、パワーエレクトロニクスで電力変換された電気エネルギーを利用しているのである。パワーエレクトロニクスが電気の利用を広げたと言っても言い過ぎではない。

第14章　電気の将来
～直流の見直し～

ここまで交流とは何かを説明してきた。交流の基本や特徴を理解してもらえたと思う。交流はいろいろな面で便利なので世界中で使われている。ここではこれからの交流を考え、電気の将来を展望してみたい。実は直流が復活しているのである。

■14.1　直流送電

ウエスチングハウスとエジソンの交流直流論争以来、電力を利用するためには交流を使ってきた。発電所では交流を発電し、変圧器で高電圧に変換して送電する。電気の需要地までくると変圧器で低電圧に変電し、我々の家庭まで配電されている。すべて交流電流が流れている。この姿が100年以上も続いている。しかし、その姿が少しずつ変わってきている。それはパワーエレクトロニクスの出現により、交流と直流の相互の変換が容易にできるようになったことによる。

現在、送電を直流で行うことが見直されてきている。送電する場合、電圧を高くしてゆくと電流が小さくなる。そのため送電線の抵抗によるジュール熱が少なくなり、送電損失が低下する。直流送電の場合、この損失だけしか生じない。

しかし、交流の場合、このほかにインダクタンスやキャパシタンスの影響があり、無効電力が生じてしまう。無効電力があるために電流には無効分の電流（無効電流）が加わり、無効電流もジュール熱を発生する。また、電流による磁界が発生し、これにより磁気的な損失も発生する。これを**交流損失**と言う。特に海底ケーブルの場合、海水により送電ケーブルのキャパシタンスが大きくなってしまい、交流損失が大きい。さらに、直流はプラス・マイナスの2本のケーブルで送電できるが、交流の場合、三相交流は3本のケーブルが必要である。したがって、海底ケーブルでは直流送電のほうが有利である。

直流送電が有利になるのは、50万V程度の高電圧で数10km以上送電する場合であると言われている。このような直流はHVDC（High-Voltage DC）と呼ばれている。実際に直流で送電しているところもすでにある。わが国では、北海道－本州間と本州－四国間の紀伊水道の海底ケーブルで直流送電が行われている。ヨーロッパでは沿岸の風力発電所から都市への送電やノルウェーとデンマークの間（240km）の送電をHVDCで行っている。

しかしながら、直流は交流と異なり事故時などに瞬時に電流を遮断することが難しいという欠点がある。そのため、電力ネットワークとして網目状に直流送電を使うことはまだ行われていない。直流送電は主に2地点間の送電に使われている。

■14.2　直流の広がり

私たちの周りの家電品を見てみると、直流を使っている機器が多いことに気がつく。テレビ、パソコンなどの電子機器は、内部で交流を直流に変換して直流で動作している。洗濯機やエアコンなどのモーターを使う機器は交流を直流に変換して、インバータで交流電流の周波数を調節してモーターを制御している。バッテリーを使う機器はもちろん直流を使っている。電気自動車も交流を直流に変換してバッテリーに充電している。このようにコンセントまで供給されている交流は、直流に変換して使われていることが非常に多いのである。

大量のデータを扱うデータセンターなどでは**UPS**（無停電電源装置：Uninterruptible Power Supply）を使って、停電があってもデータ処理に問題が起きないようにしている。UPSの原理を図14.1に示す。(a) に示した常時インバータ給電方式は、使用する電力すべてを直流に変換してインバータにより再度交流に変換して供給する。この場合、停電があっても、停電とは無関係に、バッテリーに電力がある限り交流電力を使うことができる。この方式は送電線に落雷しても送電線に流れる雷電流は侵入してこない。常時インバータ給電方式は大規模データセンターや通信設備などで使われている。

一方、(b) の常時商用給電方式は、停電になった時に

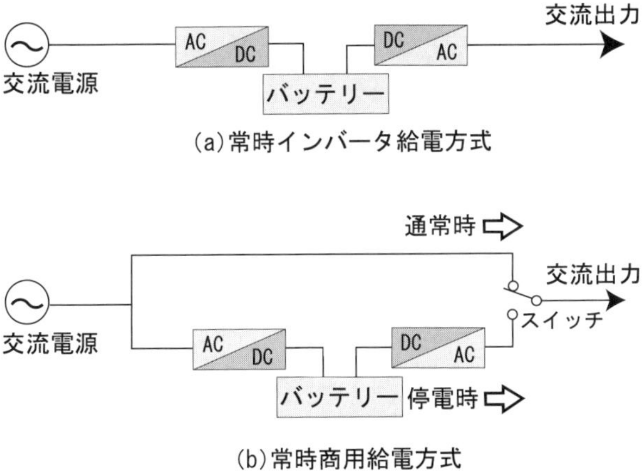

図14.1　UPS(無停電電源装置)の原理

即座にバッテリーに切り替える仕組みになっている。この方式は安価に実現できるので、個別のパソコンや機器などに接続されて使用される。切り替え時にインバータが動き始めるので、一瞬停電したり、電圧が急変したりすることがある。

いずれの方式にしても、UPSで出力した交流は建物内の屋内配線を流れ、コンピューターや通信機器の内部で再度直流に変換されて利用される。しかし、どうせ直流に再度変換するなら、UPSから直流のまま機器に供給したほうがいいだろうという考え方がある。現在のところ、常時インバータ給電方式を用いるようなデータセンターなどの建物内部を、直流48Vで給電することが検討されている。

太陽光発電、風力発電、燃料電池発電などの発電方式は直流を発電する。発電した直流をインバータで交流に変換して供給している。そこで、直流を発電しているのだから、直流のまま送電し、直接機器に直流を供給できないかということが考えられている。これが直流給電（直流配電）である。ところが直流給電には多くの課題がある。多くの機器が直流を使っているといっても、その電圧は様々である。図14.2に示すように１つの家庭の中でも、テレビなどの電子機器のプリント基板の直流は5V であり、そのほか、電子機器では12V 、24V 、48V の直流も使うことがある。エアコンなどモーターを駆動する機器では、280V の直流を使ってインバータを動かす。ソーラー発電は300V 以上の高電圧の直流を発電している。同じ直流と言っても、機器ごとに電圧が異なっているのである。

直流の電圧を１つに統一するのは難しい。交流のもっとも使いやすい点は変圧器で容易に電圧を変更できることであった。しかし、直流で電圧を変更しようとすると、それぞれに対応する電圧に変換するチョッパーが必要となる。また、直流の安全性にも課題がある。交流は電流の向きが周波数の回数で切り替わり、電流の切り替わりのたびに電流がゼロになる瞬間があるが、直流電流にはそれがない。そのため事故などでアーク（放電による火花）が飛んだりすると、アークが切れる瞬間がなく、アークが継続してしまう。このように直流給電や直流配電にはまだ解決すべき課題が多い。

現在のところ、夜間や雨天などの影響で発電量が一定にならない太陽光発電を、安定して利用するために各家庭に

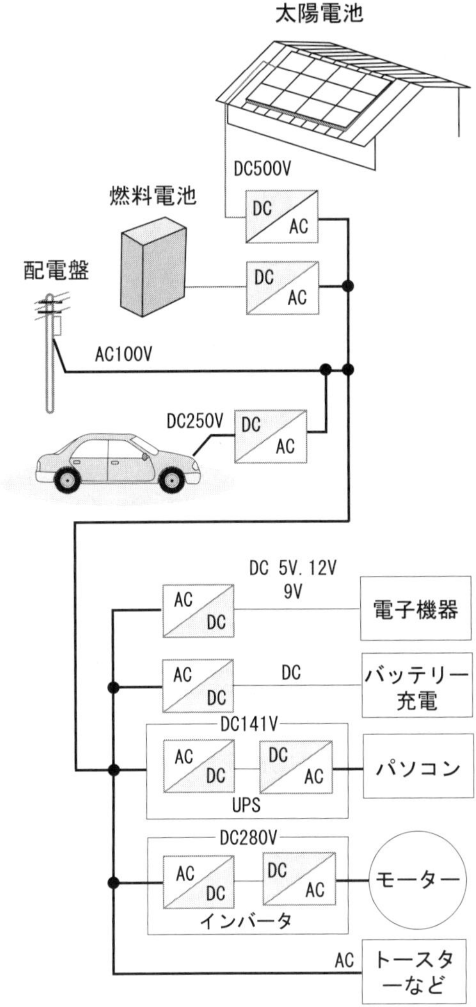

図14.2　家庭の中の直流と交流

蓄電バッテリーを備え、バッテリーの直流を電気自動車の充電やそのほかの用途にそのまま利用できるような高めの電圧に設定することが考えられている。

■14.3 超伝導

銅やアルミなどの導体に使う金属の抵抗の大きさは温度に比例する。温度が低くなると抵抗が小さくなる。抵抗率は物質によって決まっているが、温度により抵抗率は変化する。しかし一般の金属や合金はいくら冷やしても抵抗はゼロにはならない。ところが温度が低くなると急激に抵抗がゼロになる現象がある。この現象を**超伝導**と言う。

超伝導体と呼ばれる物質は、温度を絶対零度（−273.15℃）近くまで下げてゆくと抵抗がゼロになるという性質がある。超伝導体の抵抗の温度による変化を図14.3に示す。超伝導体はある温度以下で急激に抵抗値が小さくなり、ゼロとなる。この温度を臨界温度と言う。臨界温度以下を超伝導領域、それ以上を常伝導領域と呼ぶ。なお、この図では温度を絶対温度で示している。絶対温度とは−273.15［℃］を0［K］とした温度目盛りであり、絶対温度の単位は［K］（ケルビン）である。したがって、絶対温度［K］は、摂氏温度［℃］+273.15 で表される。−273.15［℃］を絶対零度と呼ぶ。なお、一般の超伝導体は絶対零度近くで超伝導領域になるが、液体窒素の沸点（77［K］= −196［℃］）より高い温度で超伝導領域になる物質を、高温超伝導体と呼んでいる。窒素温度（77［K］）は比較的容易に実現できる温度である。

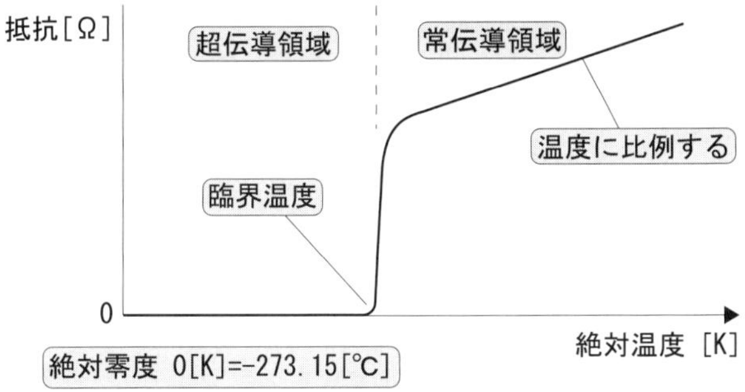

図14.3　超伝導

超伝導体に電流を流すと、抵抗がないのでジュール熱を生じない。したがって、超伝導体をリング状にすれば、電流がいつまでも流れ続ける。これを永久電流と言う。つまり、超伝導を送電に利用すれば、抵抗がゼロなので送電損失がなくなる。ところが、そのように超伝導の都合が良いのは、直流送電に限った場合である。たとえ超伝導であっても、交流電流を流すと交流損失が生じてしまう。そのため、超伝導を使う場合、直流送電のほうが有利である。また、絶対零度近くまで送電ケーブルを冷却するのは実用的でないので、高温超伝導体を使った超伝導ケーブルが開発されている。「高温超伝導プラス直流送電」が、まず目指す目標である。超伝導技術が進んでゆくと、交流送電がふたたび直流送電に置き換わるかもしれない。つまり、エジソンの主張の復活もあるかもしれない。

■14.4　やはりパワエレ

わが国では50Hzと60Hzの２種類の周波数が使われている。いずれも電圧は100Vが一般的である。世界的に見ると、１つの国で２種類の周波数を使っているのはとても珍しい。電気の利用が始まった頃には各国とも様々な周波数が使われていたが、その後、国ごとに統一された。50Hzはアジア諸国、ヨーロッパなどで、世界的にはもっとも広く使われている。60Hzは米国、カナダなどで使われている。わが国でも周波数の統一が何回も検討されたが、期間、費用とも膨大になるため50Hz、60Hzの併用のままである。

電気を使う時にパワーエレクトロニクスを利用して、いったん直流に変換する使い方が増えていると説明した。そのため、わが国でも50Hzまたは60Hzに統一することは大きな問題がないように思えるかもしれない。しかし、供給される交流電流をそのまま使っている機器もまだまだ多い。特に工場設備や社会設備などでは、周波数の変更に対しての設備改造が必要になるものが数多くある。わが国ではこれだけ交流の利用が広がってしまったため、周波数を統一することはもはや難しい状態になっている。

また電圧についても、わが国では家庭用に供給される交流電圧は100Vと200Vである。しかし、世界の大半の国では200V級のみの供給が行われている。100V級が供給されているのは、韓国、台湾、米国、カナダ、スペイン、ロシアなどである。電圧も世界的に統一されていない。しかも統一するという動きもない。

電子機器やパワーエレクトロニクスを利用した機器は、交流を直流に変換して動作する。そのため交流の電圧にはあまり影響されない。交流を直流に変換するためのACアダプターや充電器などの多くの小型機器は、ワールドワイド対応になっている。ワールドワイド対応とは、交流の100～240Vまで使えるようになっているということである。もちろん周波数も45～65Hz対応が多い。どんな交流でも、その機器にふさわしい直流に変換できるようになっている。以前は海外への旅行や出張などでは電圧変更のための変圧器を持参する必要があったが、現在では変圧器がなくても特に不便は感じなくなっている。不便なのはプラグの形が異なることだけである。交流の周波数も電圧もあまり気にしなくてよい。これもパワーエレクトロニクスのお陰である。

現在は、交流と直流は電気を便利に、効率よく使えるように共存し、使い分けられている。パワーエレクトロニクスにより交流と直流は容易に変換できるので、あまりこだわらなくなってきた。今後、さらにパワーエレクトロニクスが発展すると思われるので、直流、交流それぞれにふさわしい使い方がさらに広がると思う。電気を使う立場では、交流と直流の違いはもう気にせずに使えるようになってゆくと考えられる。パワエレのお陰である。

おわりに

「電気は見えないから嫌い」という言葉をよく聞く。実は高校生の頃は筆者もそう言っていた。化学の実験をすると、溶液の色が変わったり結晶が析出したりする。光の実験では７色のスペクトルが見える。天秤の実験ではアームが上下する。でも電気の実験は電圧計を見るだけで、電気そのものは見ることができない。小・中学生にとっては、実際にものが変化するのを見てわくわくするのが、実験の面白いところである。そのせいか、高校までは電気はあまり好きな分野ではなかった。

大学は工学部に進んだ。筆者の通った大学は、まず工学部に入学して、３年生から電気や機械などの学科に分かれるしくみで、２年生までは自分の進もうとする分野の選択科目をとることになっていた。筆者も高校時代に自分が進みたい分野は決めていたが、それは電気の分野ではなかった。ところが、大学に入ってその分野の授業を受けてみると、自分が思っていたのとは異なり、それほど面白いとは思えなくなってしまった。

３年に進級する時には、学科を決めなくてはならない。そのため、どの学科に進もうかと悩んでいた。その頃、兄貴分のようにお世話になっていた助手の先生から「それなら一番嫌いな分野に進んだらどうだろう。２年間やって好きになれなかったら、エンジニアにならなければいい」と言われた。まことにさっぱりした意見で、筆者はその言葉に共感した。そこで、一番嫌いだった電気を勉強する電気工学科を選んだのである。そのアドバイスのおかげで現在の自分の専門分野があり、自分の仕事がある。本当に貴重なアドバイスを頂いた。大変感謝している。

３年生になってからは、それまでに関係する選択科目をとっていなかったので、電気関係の科目の勉強には苦労した。では、好きでなかった電気をどのように克服したかというと、電気を見ることであった。つまり、電気が見えているかのように理解することである。電気を見るというのは、実際には見えない電圧や電流のイメージを作るのである。式が出てくると、そのイメージが「どのように変化するのか」というように考える。どうも抽象画の世界を頭の中に描いていたようだ。数学に強い人は、複雑な数式が出てきても頭の中では同じことをやっていると聞く。

この本は、こうした筆者の経験を活かして書いた。つまり電気や交流のイメージが湧くように書いたつもりである。この本を読んで電気や交流のイメージが湧いて、少し見えるような気持ちになっていただいたとしたら、筆者の狙いがうまく文章になったということであり、それこそが筆者の幸いとするところである。

電気エネルギーは現在の生活に不可欠なものである。電気を理解することは、エネルギーを有効に無駄なく、賢く使うことにつながる。電気への理解が広まることにより、平和で豊かな社会が発展することを祈っている。

2016年１月　　森本雅之

付録　数式を使った交流電流

本書は極力数式を使わずに説明してきた。しかし、電気や交流を数式で説明するのにそれほど高度な数学が必要なわけではない。ほとんど高校の数学の授業に出てきたことばかりである。そこで、これまでに出てきたことを数式により示す。

(1)弧度法の定義

$$\phi = \frac{\ell}{r}$$

（Ø：弧度法で表した角度[rad]、r：半径[m]、ℓ：弧の長さ[m]）

$$360[^\circ] = \frac{2\pi r}{r} = 2\pi\ [\mathrm{rad}]$$

(2)角速度

$$\omega = 2\pi n$$

（ω：角速度[rad/s]、n：毎秒回転数[s^{-1}]）

(3)回転角

$$\phi = \omega t$$

（ϕ：回転角[rad]、t：時間[s]）

(4)角度による電流の表現

$$i(t) = I_m \sin\ \theta$$

（θ ：回転角[°]）

(5)回転角による電流の表現

$$i(t) = I_m \sin \omega t$$

（$i(t)$ ：正弦波の瞬時値[A]、I_m ：正弦波の最大値[A]）

(6)角周波数と周波数

$$\omega = 2\pi f$$

（ω ：角周波数（正弦波交流の場合）［rad/s］、f : 周波数[Hz]）

(7)オームの法則

$$I = \frac{E}{R}$$

（I : 直流電流[A]、R ：抵抗[Ω]、E ：直流電圧[V]）

(8)抵抗のみの回路を流れる交流電流

$$i(t) = \frac{v(t)}{R} = \frac{V_m \sin \omega t}{R} = I_m \sin \omega t$$

（$i(t)$ ：交流電流[A]、$v(t) = V_m \sin \omega t$: 交流電圧[V]、R ：抵抗[Ω]）

(9)電磁誘導による誘導起電力（ファラデーの法則）

$$e = -\frac{d\psi}{dt} = -\frac{d(N\lambda)}{dt} = -N\frac{d\lambda}{dt}$$

（e：電磁誘導による誘導起電力[V]、λ：磁束[Wb]、ψ：鎖交磁束数（磁束を巻数（N）倍したもの）[Wb]）

(10) 電流の定義

$$i(t)=\frac{dq}{dt}$$

（$i(t)$：電流[A]、q：電荷[C]、$\frac{dq}{dt}$：単位時間に通過する電荷量[C/s]）

(11) コンデンサを流れる電流

$$i_C(t)=\frac{dq}{dt}$$

（$i_C(t)$：コンデンサを流れる電流[A]、q：コンデンサに出入りする電荷[C]）

(12) コンデンサのキャパシタンス

$$Q = CV_C$$

（Q：総電荷量[C]、C：キャパシタンス[F]、V_C：コンデンサの電圧[V]）

(13) コンデンサの電圧電流

微分形式

$$i_C(t)=\frac{dq}{dt}=\frac{d(Cv_C(t))}{dt}= C\frac{dv_C(t)}{dt}$$

積分形式　$v_C(t)=\frac{1}{C}\int i_C dt$

（$i_C(t)$：コンデンサを流れる電流[A]、$v_C(t)$：コンデンサの両端の電圧[V]）

(14) コイルのインダクタンス

$$\phi = Li_L$$

（ϕ：鎖交磁束[Wb]、L：インダクタンス[H]、i_L：コイルを流れる電流[A]）

(15) コイルの電圧電流

微分形式　$v_L(t) = -e_L = -\left(-L\dfrac{di_L}{dt}\right) = L\dfrac{di_L}{dt}$

積分形式　$i_L(t) = \dfrac{1}{L}\int v_L \mathrm{dt}$

（v_L：コイルの両端の電圧[V]、e_L：コイルに生じる誘導起電力[V]、i_L：コイルを流れる電流[A]）

(16) 三角関数の数学公式

$$\sin \omega t = \cos\left(\omega t - \frac{\pi}{2}\right) \qquad \cos \omega t = \sin\left(\omega t + \frac{\pi}{2}\right)$$

$$\frac{d}{dx}\sin x = \cos x \qquad \frac{d}{dx}\cos x = -\sin x$$

$$\frac{d}{dt}\sin \omega t = \omega\cos \omega t \qquad \frac{d}{dt}\cos \omega t = -\omega\sin \omega t$$

(17) コンデンサを流れる電流と電圧の位相関係

$$v = V_m \sin \omega t \qquad i_C(t) = I_m \sin\left(\omega t + \frac{\pi}{2}\right)$$

(18) コンデンサのリアクタンス（インピーダンス）

$$X_C = \frac{1}{\omega C} = \frac{1}{2\pi f C}[\Omega]$$

(19) コンデンサのオームの法則

$$V = X_C I = \frac{1}{\omega C} I$$

（V：コンデンサ両端の電圧の実効値[V]、I：コンデンサ電流の実効値[A]）

(20) コイルを流れる電流と電圧の位相関係

$$v = V_m \sin \omega t \qquad i = I_m \sin\left(\omega t - \frac{\pi}{2}\right)$$

(21) コイルのリアクタンス（インピーダンス）

$$X_L = \omega L = 2\pi f L[\Omega]$$

(22) コイルのオームの法則

$$V = X_L I = \omega L I$$

（V：コイル両端の電圧の実効値[V]、I：コイル電流の実効値[A]）

(23) 複素数

$$\dot{Y} = a + jb$$

（a：複素数 $\dot{Y}$ の実部で $\mathrm{Re}\dot{Y}$ と書く。b：複素数 $\dot{Y}$ の虚部で $\mathrm{Im}\dot{Y}$ と書く）

$$j = \sqrt{-1}$$

（j は虚数単位。電気では電流 i と区別するために虚数単位に j を用いる）

(24) 複素数のベクトル表示

ベクトルの絶対値 Y（絶対値は原点からのベクトルの長さ）

$$Y = \sqrt{a^2 + b^2} = |\dot{Y}|$$

ベクトルの偏角 ϕ（偏角はベクトルと x 軸とのなす角）

$$\phi = \tan^{-1}\dot{Y} = \tan^{-1}\frac{b}{a}$$

(25) RLC 直列回路の合成インピーダンス

$$I = \frac{V}{\sqrt{R^2 + \left(\omega L - \frac{1}{\omega C}\right)^2}} = \frac{V}{Z}$$

（合成インピーダンス　$Z = \sqrt{R^2 + \left(\omega L - \frac{1}{\omega C}\right)^2} = \sqrt{R^2 + X^2}$）

(26) インピーダンスのベクトル表示

$$\dot{Z} = R + jX$$

（実部 R：抵抗分［Ω］、虚部 $X = \left(\omega L - \frac{1}{\omega C}\right)$：リアクタン

ス成分[Ω])

$$|\dot{Z}| = \sqrt{R^2+X^2} = \sqrt{R^2+\left(\omega L - \frac{1}{\omega C}\right)^2}$$

$$\phi = \tan^{-1}\frac{X}{R} = \tan^{-1}\frac{\omega L - \frac{1}{\omega C}}{R}$$

($|\dot{Z}|$:インピーダンスの大きさ[Ω]、ϕ:インピーダンス角、または力率角)

(27) オームの法則の複素数表示

$$\dot{V} = \dot{Z}\dot{I}$$

(28) 複素数の三角関数による表示

$$\dot{Y} = a + jb = Y\cos\phi + jY\sin\phi$$

(29) オイラーの公式

$$e^{j\phi} = \cos\phi + j\sin\phi$$

(30) 複素数の極形式表示

$$\dot{Y} = Ye^{j\phi}$$

(31) 同一周波数で振幅と位相が異なっている2つの電流の合成

$$i_1 = I_1\sin(\omega t + \phi_1)$$

$$i_2 = I_2\sin(\omega t + \phi_2)$$

$$i = i_1 + i_2 = \sqrt{I_1^2 + I_2^2}\,\sin(\omega t + \phi_1 + \phi_2)$$

極形式による合成電流の表示

$$i_1 = I_1\{\cos(\omega t + \phi_1) + j\sin(\omega t + \phi_1)\} = I_1 e^{j(\omega t+\phi_1)}$$

$$i_2 = I_2\{\cos(\omega t + \phi_2) + j\sin(\omega t + \phi_2)\} = I_2 e^{j(\omega t+\phi_2)}$$

$$i = i_1 + i_2 = \sqrt{I_1^2 + I_2^2}\ e^{j(\omega t + \phi_1 + \phi_2)}$$

(32) インピーダンスの極形式表示

電圧、電流が極形式で表示されている時、インピーダンスは２つの極形式の量の関係を表しているので極形式で表す。

$$\dot{V} = Ve^{j\omega t}[\mathrm{V}]\ ,\quad \dot{I} = Ie^{j(\omega t-\varphi)}[\mathrm{A}]$$

$$\dot{Z} = \frac{\dot{V}}{\dot{I}} = \frac{Ve^{j\omega t}}{Ie^{j(\omega t-\varphi)}} = \frac{V}{I}e^{j\varphi} = Ze^{j\varphi}$$

(33) 回転ベクトルと正弦波

原点Ｏを中心に角速度ωで回転しているベクトルI_mのx軸成分i_x（x軸方向の長さ）、y軸成分i_y（y軸方向の長さ）は時間的に正弦波状に変化する。

$$i_x = I_m\cos(\omega t + \phi)$$

$$i_y = I_m\sin(\omega t + \phi)$$

(34) 複素インピーダンス

抵抗のみの回路

$$\dot{Z} = R[\Omega]$$

コンデンサのみの回路

$$\dot{Z} = \frac{\dot{V}}{\dot{I}} = \frac{\dot{V}}{j\omega C\dot{V}} = -j\frac{1}{\omega C}[\Omega]$$

（電圧を求める時に電流に$-j$をかけることになるので、電流の偏角から時計方向に90°回転させることになる）

コイルのみの回路

$$\dot{Z}=\frac{\dot{V}}{\dot{I}}=\frac{j\omega L\dot{I}}{\dot{I}}=j\omega L\,[\Omega]$$

（電圧を求める時に電流にjをかけることになるので電流の偏角から反時計方向に90°回転させることになる）

RLC 直列回路　$\dot{Z}=R+j\left(\omega L-\dfrac{1}{\omega C}\right)[\Omega]$

(35) 記号法による微分

$$\dot{V}=j\omega L\cdot\dot{I}$$

記号法で$j\omega$をかけるということは微分に相当する（$v(t)=L\dfrac{di}{dt}=\dfrac{d}{dt}\{L\cdot i(t)\}$）。

(36) 記号法による積分

$$\dot{V}=\frac{1}{j\omega C}\cdot\dot{I}$$

記号法で$j\omega$で割るということは積分に相当する（$v(t)=\dfrac{1}{C}\int i(t)dt$）。

(37) 三相交流の数式表示

$$i_{\mathrm{a}}=I_m\sin\omega t$$

$$i_{\mathrm{b}}=I_m\sin\left(\omega t-\frac{2}{3}\pi\right)$$

$$i_c = I_m \sin\left(\omega t - \frac{4}{3}\pi\right)$$

(38)三相交流の極形式表示

$$I_a = I\varepsilon^{j0}$$

$$I_b = I\varepsilon^{-j\frac{2}{3}\pi}$$

$$I_c = I\varepsilon^{-j\frac{4}{3}\pi}$$

(39)Y 結線の三相交流

相電圧 E 、線間電圧 V 、線電流 I 、電力 P の関係

$$V = V_{ab} = V_{bc} = V_{ca} = \sqrt{3}E[\mathrm{V}]$$

$$I = I_a = I_b = I_c = \frac{E}{Z} = \frac{V}{\sqrt{3}Z}[\mathrm{A}]$$

$$P = \sqrt{3}V \cdot I\cos\phi$$

さくいん

【さ行】

【た行】

【や行】

【ら行】

【わ行】

N.D.C.540　218p　18cm

ブルーバックス　B-1963

交流《こうりゅう》のしくみ
三相交流からパワーエレクトロニクスまで

2016年 3 月20日　第1刷発行
2022年 7 月12日　第4刷発行

著者　森本雅之《もりもとまさゆき》
発行者　鈴木章一
発行所　株式会社講談社
〒112-8001 東京都文京区音羽2-12-21
電話　出版　03-5395-3524
販売　03-5395-4415
業務　03-5395-3615
印刷所　（本文印刷）株式会社新藤慶昌堂
（カバー表紙印刷）信毎書籍印刷株式会社
製本所　株式会社国宝社

定価はカバーに表示してあります。

ISBN978－4－06－257963－6

発刊のことば

科学をあなたのポケットに

二十世紀最大の特色は、それが科学時代であるということです。科学は日に日に進歩を続け、止まるところを知りません。ひと昔前の夢物語もどんどん現実化しており、今やわれわれの生活のすべてが、科学によってゆり動かされているといっても過言ではないでしょう。

そのような背景を考えれば、学者や学生はもちろん、産業人も、セールスマンも、ジャーナリストも、家庭の主婦も、みんなが科学を知らなければ、時代の流れに逆らうことになるでしょう。

ブルーバックス発刊の意義と必然性はそこにあります。このシリーズは、読む人に科学的に物を考える習慣と、科学的に物を見る目を養っていただくことを最大の目標にしています。そのためには、単に原理や法則の解説に終始するのではなくて、政治や経済など、社会科学や人文科学にも関連させて、広い視野から問題を追究していきます。科学はむずかしいという先入観を改める表現と構成、それも類書にないブルーバックスの特色であると信じます。

一九六三年九月

野間省一

ブルーバックス　コンピュータ関係書

1084 図解　わかる電子回路　加藤　肇／見城尚志／高橋　久
1769 入門者のExcel VBA　立山秀利
1783 知識ゼロからのExcelビジネスデータ分析入門　住中光夫
1791 卒論執筆のためのWord活用術　田中幸夫
1802 実例で学ぶExcel VBA　立山秀利
1825 メールはなぜ届くのか　草野真一
1850 入門者のJavaScript　立山秀利
1881 プログラミング20言語習得法　小林健一郎
1926 SNSって面白いの？　草野真一
1950 実例で学ぶRaspberry Pi電子工作　金丸隆志
1962 脱入門者のExcel VBA　立山秀利
1989 入門者のLinux　奈佐原顕郎
1999 カラー図解　Excel「超」効率化マニュアル　立山秀利
2001 人工知能はいかにして強くなるのか？　小野田博一
2012 カラー図解　Javaで始めるプログラミング　高橋麻奈
2045 サイバー攻撃　中島明日香
2049 統計ソフト「R」超入門　逸見　功
2052 カラー図解　Raspberry Piではじめる機械学習　金丸隆志
2072 入門者のPython　立山秀利
2083 ブロックチェーン　岡嶋裕史
2086 Web学習アプリ対応　C語入門　板谷雄二
2133 高校数学からはじめるディープラーニング　金丸隆志
2136 生命はデジタルでできている　田口善弘
2142 ラズパイ4対応　カラー図解　最新Raspberry Piで学ぶ電子工作　金丸隆志
2145 LaTeX超入門　水谷正大

ブルーバックス　技術・工学関係書（Ⅱ）

2056 新しい1キログラムの測り方　臼田 孝
2093 今日から使えるフーリエ変換　普及版　三谷政昭
2103 我々は生命を創れるのか　藤崎慎吾
2118 道具としての微分方程式　偏微分編　斎藤恭一
2142 ラズパイ4対応　カラー図解　最新Raspberry Piで学ぶ電子工作　金丸隆志
2144 5G　岡嶋裕史
2172 スペース・コロニー　宇宙で暮らす方法　向井千秋＝監修・著　東京理科大学スペース・コロニー研究センター＝編・著
2177 はじめての機械学習　田口善弘

ブルーバックス　技術・工学関係書 (I)

495 人間工学からの発想　小原二郎
911 電気とはなにか　室岡義広
1084 図解　わかる電子回路　加藤　肇／見城尚志／高橋　久
1128 原子爆弾　山田克哉
1236 図解　飛行機のメカニズム　柳生　一
1346 図解　ヘリコプター　鈴木英夫
1396 制御工学の考え方　木村英紀
1452 流れのふしぎ　石綿良三／根本光正＝著　日本機械学会＝編
1469 量子コンピュータ　竹内繁樹
1483 新しい物性物理　伊達宗行
1520 図解　鉄道の科学　宮本昌幸
1545 高校数学でわかる半導体の原理　竹内　淳
1553 図解　つくる電子回路　加藤ただし
1573 手作りラジオ工作入門　西田和明
1624 コンクリートなんでも小事典　土木学会関西支部＝編　井上　晋 他
1660 図解　電車のメカニズム　宮本昌幸＝編著
1676 図解　橋の科学　土木学会関西支部＝編　田中輝彦／渡邊英一 他
1696 ジェット・エンジンの仕組み　吉中　司
1717 図解　地下鉄の科学　川辺謙一
1797 古代日本の超技術　改訂新版　志村史夫
1817 東京鉄道遺産　小野田　滋

1845 古代世界の超技術　志村史夫
1866 暗号が通貨《カネ》になる「ビットコイン」のからくり　吉本佳生／西田宗千佳
1871 アンテナの仕組み　小暮裕明／小暮芳江
1879 火薬のはなし　松永猛裕
1887 小惑星探査機「はやぶさ2」の大挑戦　山根一眞
1909 飛行機事故はなぜなくならないのか　青木謙知
1938 門田先生の3Dプリンタ入門　門田和雄
1940 すごいぞ！　身のまわりの表面科学　日本表面科学会
1948 すごい家電　西田宗千佳
1950 実例で学ぶRaspberry Pi電子工作　金丸隆志
1959 図解　燃料電池自動車のメカニズム　川辺謙一
1963 交流のしくみ　森本雅之
1968 脳・心・人工知能　甘利俊一
1970 高校数学でわかる光とレンズ　竹内　淳
2001 人工知能はいかにして強くなるのか？　小野田博一
2017 人はどのように鉄を作ってきたか　永田和宏
2035 現代暗号入門　神永正博
2038 城の科学　萩原さちこ
2041 時計の科学　織田一朗
2052 カラー図解　Raspberry Piではじめる機械学習　金丸隆志

ブルーバックス　数学関係書（I）